Handbuch

für

Seifenfabrikanten

enthaltend:

die chemische Analyse der Materialien so wie eine genaue Anweisung zur Alkalimetrie.

Zum practischen Gebrauch

von

H. Perutz.

Berlin 1854.
Verlag von Julius Springer.

Handbuch

für

Seifenfabrikanten

enthaltend:

die chemische Analyse der Materialien so wie eine
genaue Anweisung zur Alkalimetrie.

Zum practischen Gebrauch

von

H. Perutz.

Berlin 1854.

Verlag von Julius Springer.

ISBN 978-3-642-49653-0   ISBN 978-3-642-49947-0 (eBook)
DOI 10.1007/978-3-642-49947-0

Vorwort.

Der Zweck, den ich bei Herausgabe dieses Buches im Auge habe, ist der, dem Fabrikanten die nöthigen Mittel und Wege an die Hand zu geben, wodurch er im Stande ist, alle bei der Seiffabrikation vorkommenden chemischen Analysen selbst auf eine einfache Weise vorzunehmen. Es ist schon von verschiedenen Seiten über die Seif- und Lichtfabrikation geschrieben worden; in allen Werken darüber fand ich denselben Fehler; theils, daß der Inhalt viel zu wissenschaftlich bearbeitet war, theils fehlten auch die Hauptsachen darin, was ganz natürlich war, da die Bücher von Leuten geschrieben waren, die praktisch nichts von der Seiffabrikation verstanden, und daher nicht wissen konnten, was dem Seiffabrikanten als Laien, von der Chemie nothwendig ist. Die wissenschaftliche Bearbeitung eines solchen Werkes mag für Denjenigen, der Chemie studirt hat, ganz nützlich sein, der Laie wird jedoch nichts davon verstehen, weil sich dieses eben nicht ohne systematisches Studium erlernen läßt. Damit jedoch der wissenschaftlich Gebildete ebenfalls eine ergiebige Hülfsquelle darin finde, habe ich dies Buch so bearbeitet, daß auch dieser es benutzen kann, ohne daß es dadurch dem Laien unverständlich würde.

Einleitung.

Der Zweck, den die chemische Analyse für den Fabrikanten hat, kann von zwei Seiten betrachtet werden. Erstens: Ich nehme an, daß Jemand eine neue Fabrik anlegt, so hat er sich vor allen Dingen von der Güte und dem daraus gefolgerten Werthe der nöthigen Materialien, die er zum Betriebe gebraucht, zu überzeugen, und wie kann es besser geschehen als durch die Analyse; denn wenn schon die Erfahrung einen Ueberblick erlaubt, so ist dies doch nur oberflächlich, und wird man häufig getäuscht, besonders in neuerer Zeit, wo der Betrug dem nicht vorsichtigen Käufer den größten Schaden zufügt. Zweitens: Durch die Analyse wird der Fabrikant in den Stand gesetzt, alle Ursachen, die einen Sud Seife mißlingen ließen, zu erkennen, und indem die chemische Zersetzung den Grund des Mißlingens darthut, wird zugleich das Mittel angegeben, um den Fehler zu verbessern. Ich habe beim Entwickeln meiner Anleitung einen systematischen Fortgang beachtet, indem ich zuerst die Analyse der Materialien, dann die Zersetzung von fertigen und mißlungenen Seifen beleuchtet, ferner die Analyse derjenigen Substanzen, welche jetzt auf eine vielfältige Weise den Seifen beigemengt werden, um sie billiger zu machen. Außerdem habe ich die Alkalimetrie nach den besten Quellen bearbeitet.

I. Abschnitt.

Vom Waſſer.

<small>Unter=
ſuchung des
Waſſers.</small>
1) Das Erſte, was der Fabrikant bei Errichtung einer Fabrik zu thun hat, iſt die Kenntniß der nöthigen Materialen; vor allen Dingen die des Waſſers, womit er ſiedet, denn es liegt auf der Hand, daß ſehr hartes Waſſer, d. h. Waſſer, dem viele fremde Subſtanzen beigemiſcht ſind, wie kohlenſaurer Kalk, Eiſen, Schwefel ꝛc., ſich ſehr ſchwer, manchmal gar nicht benutzen läßt, wogegen weiches Waſſer die ſchönſten Seifen giebt.

<small>Erſter Ver=
ſuch: ob ein
Waſſer hart
oder weich
iſt.</small>
2) Um Waſſer zu prüfen, verfahre man daher folgendermaßen: Zuvörderſt ſehe man, ob überhaupt das Waſſer hart oder weich iſt;

a) Man nehme eine Glasröhre (Reagensröhre), thue etwas Waſſer hinein und bringe die Röhre über eine Spirituslampe zum Kochen; iſt das Waſſer hart, ſo wird es trübe werden, ein Zeichen, daß ſich Kohlenſäure von dem darin enthaltenen kohlenſauren Kalk verflüchtigt, und Kalk niedergeſchlagen hat.

<small>Zweiter
Verſuch.</small>
b) Man gieße in eine zweite Glasröhre eine Auflöſung von kohlenſaurem Natron. Iſt das Waſſer hart, ſo wird es ſehr getrübt werden.

<small>Dritter
Verſuch.</small>
c) Man gieße zu einer anderen Röhre mit dem zu unterſuchenden Waſſer etwas aufgelöſte Seife. Iſt viel kohlenſaurer Kalk da, ſo wird ſich die Seife zerſetzen,

weil der kohlensaure Kalk mit der Seife eine unlösliche Verbindung eingeht, und dadurch eine dicke Emulsion hervorbringt.

Aus diesen drei Versuchen kann man genau ersehen, ob ein Wasser hart oder weich ist.

Einen noch besseren Ueberblick bekömmt man, wenn man etwas destillirtes Wasser nimmt (was man in jeder Apotheke bekommen kann), und bei jedem dieser Versuche mit dem zu untersuchenden Wasser ein Gleiches mit dem destillirten Wasser thut. Da das destillirte Wasser rein von fremden Substanzen ist, wird es immer das Gegentheil von dem harten Wasser zeigen, d. h. klar bleiben. Hat man gefunden, daß das Wasser hart ist, so muß man zusehen, was für Substanzen darin enthalten sind, wodurch es eben hart ist.

Frage:

3) Wie verfährt man, wenn man kohlensauren Kalk in einem Wasser entdecken will? *Ist kohlensaurer Kalk im Wasser?*

Antwort:

Da der Kalk, weil er an Kohlensäure gebunden, sich nicht gut niederschlagen läßt, so stumpft man die Säure durch eine starke Basis ab, d. h. man neutralisirt ihn, indem man kaustischen Ammoniak hinzusetzt. Hat man nun kaustischen Ammoniak genügend hinzugethan, so setzt man Oxalsäure zu (auch Kleesäure genannt), welche mit dem neutralisirten Kalk als unlösliche Verbindung zu Boden fällt.

Frage:

4) Wie erfährt man einen Eisen- und überhaupt einen Metallgehalt im Wasser? *Ist Eisen oder sonst ein Metall da?*

Antwort:

Einen Eisengehalt ermittelt man, indem man Cyaneisenkalium hinzusetzt (blausaures Kali), wodurch eine blaugrüne Färbung entsteht, wenn Eisen da ist. Einen Metallgehalt überhaupt ermittelt man, indem Schwefelwasserstoffwasser hinzugethan wird, wodurch, wenn solcher vorhanden, eine Trübung und Niederschlag entsteht.

Ist Kohlensäure da?

Frage:

5) Wie erfährt man einen Gehalt an Kohlensäure im Wasser?

Antwort:

Man setzt etwas klares Kalkwasser hinzu; trübt sich das Wasser davon, so ist Kohlensäure da.

Frage:

6) Wie erfährt man, ob außer Kohlensäure noch andere Säuren im Wasser enthalten sind?

Ist Schwefelsäure da?

Antwort:

Zu einem Theile Wasser gießt man etwas salzsauren Baryt, entsteht dadurch eine Trübung, und bleibt die Trübung auch nach Zusatz von Salzsäure, so ist Schwefelsäure darin, vermuthlich gebunden an Kalk.

Frage:

Ist Salzsäure da?

7) Wie entdeckt man, ob Salzsäure im Wasser enthalten ist?

Antwort:

Zu einem Theile Wasser gießt man etwas salpetersaure Silberauflösung, entsteht dadurch eine Trübung, und verschwindet die Trübung nicht nach dem Zusatz von Salpetersäure, so ist Salzsäure da.

Frage:

Sind organische Stoffe da?

8) Wie erfährt man, ob im Wasser organische Stoffe, wie Sumpfluft oder Schwefelwasserstoff, enthalten sind?

Antwort:

Organische Stoffe, die in Fäulniß übergegangen, erkennt man schon an dem schlechten Geruch (wie faule Eier). Ob Schwefelwasserstoff darin enthalten, erfährt man durch Zusetzen von etwas Silberauflösung, wodurch, wenn solcher darin ist, ein gelblicher Niederschlag entsteht. Will man diesen Schwefelwasserstoff entfernen, so koche man das Wasser tüchtig, wodurch sich derselbe verflüchtigt.

Frage:

9) Wie entdeckt man, ob außer Kalk noch eine andere Basis da ist, z. B. Magnesia? *Ist Magnesia da?*

Antwort:

Um Magnesia zu finden, muß man das Wasser erst von seinem Kalkgehalte befreien. Man setzt daher etwas Oxalsäure hinzu, bringt es tüchtig zum Kochen und filtrirt. Das klare abfiltrirte Wasser versetzt man mit etwas phosphorsaurem Natron; entsteht dadurch eine Reaktion (d. h. eine Wirkung, die einen neuen Körper anzeigt, indem sich ein Niederschlag nebst Trübung zeigt), so ist Magnesia da.

10) Aus alle dem, was bis jetzt angeführt, kann man schon auf die Brauchbarkeit des Wassers einen Schluß ziehen, wenn man die fremden Substanzen auch quantitativ, d. h. der Menge nach, welche darin enthalten sind, bestimmt; dies geschieht dadurch, daß man eine genau abgewogene Menge Wasser in einem Porzellangefäß bis zur Trockniß einkocht, und den Rückstand wieder wiegt. Die erhaltene Gewichtsmenge ist die der fremden Substanzen, welche im Wasser aufgelöst waren. Es versteht sich von selbst, daß eine kleinere Menge nichts zu sagen hat: Sind z. B. in 100 Theilen Wasser nur 10 Theile fremder Substanzen, so ist das Wasser noch brauchbar, weil sich diese geringe Menge, bei den verschiedenen Manipulationen, auf eine noch geringere Menge reducirt, welche keine zersetzende Kraft auf die Fette ausüben kann und selbst bei 10⅔ nichts schadet. *Gewichtsbestimmung der fremden Bestandtheile im Wasser.*

Findet man aber 20, 30, 40 oder 50 ⅗ im Waſſer, ſo iſt es nicht zu gebrauchen, oder man muß es vorher reinigen, was mit geringer Mühe verbunden iſt, indem man das unreine Waſſer durch pulveriſirte Kohle filtrirt. Auf die Güte des Waſſers muß man beſonders Rückſicht nehmen: bei Darſtellung von weichen Seifen, wie grüne und Elaïn-Seife, oder auch Leimſeifen, weil bei dieſen Seifen die fremden Subſtanzen in der Seife bleiben; indem ſich die Unterlauge nicht abſcheidet, wie bei der Kernſeife, oder überhaupt bei Seifen, welche ausgeſalzen werden. Bei dieſen geht der größte Theil der fremden Subſtanzen mit in die Unterlauge über.

II. Abſchnitt.

Alkalien und alkaliſche Erden.

11) Da von der Güte der Alkalien, wie Kali und Natron, ſowie alkaliſchen Erden Kalk, das Gelingen einer Seife abhängt, ſo habe ich mich recht ausführlich darüber ausgedrückt, um Jedem eine klare Ueberſicht zu geben.

Kauft man Pottaſche, Natron oder Aetzkali ꝛc., ſo muß man ſich vor allen Dingen überzeugen, wieviel Theile kohlenſaures Kali in 100 Theilen enthalten ſind, wie viel Feuchtigkeit und fremde Subſtanzen. Nach der Menge des kohlenſauren Kali richtet ſich natürlich der Werth des Alkali; je mehr kohlenſaures Kali, oder kohlenſaures Natron, darin enthalten ſind, je mehr Fett kann man damit verſeifen, je mehr Werth alſo hat es. Außerdem ſind in neuerer Zeit mehrere bedeutende Fälſchungen vorgekommen, mit Salz, Sand, Kieselerde, pulverisirtem Kalk ꝛc., ein Grund mehr, wie vorsichtig man beim Einkaufe sein muß. Der systematische Weg hierbei ist der: erst untersucht man qualitative, dann quantitative. Die quantitative Analyse braucht sich jedoch nur auf die Bestimmung des Gehaltes an kohlensaurem Kali und Feuchtigkeit zu erstrecken, indem sich dann die Menge der fremden Substanzen von selbst bestimmt. Angenommen, man hat 100 Gran Pottasche, findet $8\frac{2}{3}$ Feuchtigkeit und $72\frac{2}{3}$ kohlensaures Kali, so sagt man ganz einfach: $72\frac{2}{3}$ Kali $+ 8\frac{2}{3}$ Feuchtigkeit $= 80$ Gran; die übrigen, an 100 Gran fehlenden 20 Gran, haben in fremden Substanzen bestanden. Dies Verfahren ist hinreichend, um den Werth des Alkali zu bestimmen. Will man jedoch die einzelnen Körper dem Gewichte nach bestimmen, so verfahre man, wie es nachher angegeben werden wird. Man thut dies besonders dann, wenn man glaubt, daß außer dem kohlensauren Kali oder Natron, noch Aetznatron oder Kali in dem zu untersuchenden Alkali vorhanden ist, wodurch natürlich die Bestimmung des Kali, welches in der Pottasche oder Soda ist, — indem man dasselbe durch den Verlust an Kohlensäure oder durch Neutralisation einer vorher bereiteten Probesäure bestimmt — zu niedrig ausfallen würde, weil das Aetzkali oder Natron kein Gas giebt und daher nicht mit bestimmt wird. Man muß dann dieses Aetzkali entweder in kohlensaures Kali verwandeln, ehe man den Gehalt an Kali bestimmen kann, oder muß es nach der von Gay-Lussac oder Otto angegebenen Methode behandeln, wo das Aetzkali als kohlensaures Kali wirkt, daher als solches bestimmt wird.

Von der Asche.

Asche

12) Alle Pflanzen, also auch die Bäume, nehmen bei ihrem Wachsthum allerhand Stoffe aus dem Erdboden auf, unter ihnen auch Alkalien, Erden und Metalloxyde. Diese Stoffe bleiben nach dem Verbrennen, hauptsächlich an Kohlensäure gebunden, als Asche zurück. Letztere Säure entsteht beim Verbrennen aus den organischen Säuren der Pflanzen, während die unorganischen Säuren (Kieselsäure besonders) ebenfalls gebunden zurückbleiben.

Die chemische Analyse hat dargethan, daß die Pflanzenasche hauptsächlich aus folgenden Substanzen zusammengesetzt ist, nämlich: Kali, Natron, Kalk, Magnesia und Eisenoxyd, verbunden mit Kohlensäure, Kieselsäure, Phosphorsäure, Schwefelsäure und Salzsäure. Diese Verbindungen werden durch verschiedene Lösungsmittel gelöst:

    a) die alkalischen Salze: Kali und Natron, im Wasser löslich.

    b) die erdigen Salze: Kalk, Magnesia und Eisenoxyd, in verdünnter Salzsäure.

    c) Im Wasser und in Säure unlöslich ist die Kieselsäure.

Die Kohlensäure ist eine schwache Säure.

13) Die Kohlensäure, mit welcher die Alkalien nach dem Verbrennen verbunden sind, ist eine der schwächsten Säuren, sie entweicht daher auch immer, wenn ein Alkali mit einer anderen Säure übergossen wird, was sich durch das Aufbrausen des Alkali kund thut. Durch die chemische Analyse hat man auch gefunden, daß Asche aus hartem Holze, z. B. Eichenholz, mehr kohlensaures Kali enthält, als Asche aus weichem Holz, z. B. Tannenasche; letztere enthält besonders viel kohlensauren Kalk.

Besonderes Verfahren, um Asche zu analysiren:

14) Will man Asche auf ihren Alkaligehalt und näheren Bestandtheile prüfen, so verfährt man auf folgende Weise: *Analyse von Asche.*

Man bringt die zu analysirende Asche auf ein Filter, nachdem man 100 Theile davon abgewogen, gießt Wasser auf, und läßt die ablaufende Lauge in ein darunter stehendes Glas laufen, wie beistehende Figur zeigt. Man fährt nun fort, die Asche auszulaugen, bis ein Tropfen auf einem Streifchen rothen Lackmuspapiers keine blaue Färbung mehr hervorbringt, sondern unverändert bleibt; in diesem Falle kann man überzeugt sein, daß das Alkali, welches in der Asche enthalten war, sich in dem abfiltrirten Wasser aufgelöst hat. Der Rückstand, der auf dem Filtrum zurückbleibt, besteht nun noch aus Kohle, Kieselerde, kohlensaurem Kalk ꝛc. und findet man diese verschiedenen Substanzen auf folgende Weise: Die schwarze Masse wird in verdünnter Salzsäure gelöst, filtrirt und die abfiltrirte Flüssigkeit untersucht: Mit Oxalsäure und kaustischem Ammoniak auf Kalk, entsteht dadurch eine Trübung, so ist Kalk; da. Man filtrirt nun auf einem neuen Filter, und setzt zu dem klaren Filtrat phosphorsaures Natron; entsteht dadurch eine Trübung, so ist Magnesia oder Bittererde genannt, da. Der Rest des Filtrums, was sich nämlich nicht in der Salzsäure gelöst, besteht aus Kohle und Kieselerde. Hat man nun den Rückstand untersucht, so fängt man an die Lauge zu untersuchen, welche man durch Auslaugen der Asche gewonnen hat. Zu diesem Behuf theilt man sich mehrere Theile der Flüssigkeit ab, und untersucht den einen Theil mit Schwefelsäure auf Baryterde. Entsteht ein weißer Niederschlag, so ist Baryt da; man filtrirt diesen Niederschlag ab und setzt Oxalsäure nebst kaustischem Ammoniak hinzu; eine dadurch entstehende weiße Trübung zeigt Kalk an. Man filtrirt wieder und setzt zu dem klaren Filtrat phosphorsaures Natron; entsteht eine Trübung, so ist Magnesia da. Einen andern Theil der Lauge vermischt man mit etwas salpetersaurer Silberauflösung, entsteht dadurch eine Trübung, so ist Chlor da, wenn diese Trübung auch bleibt, nachdem man etwas Salpetersäure zugesetzt. Einen Schwefelsäuregehalt findet man in der Lauge durch eine, durch salzsauren Baryt verursachte und durch Zusatz von Salzsäure nicht wieder verschwindende Trübung.

Baryt und Magnesia finden sich selten in der Lauge und nur in geringer Menge, weil sie sich sehr schwer im Wasser lösen (vollständig nie). Die Hauptbestandtheile sind immer: Chlorkalium, schwefelsaures Kali, kohlensaures Kali, selten kohlensaures Natron. Letzteres findet man in der Lauge, wie es gleich bei der Analyse der Pottasche angegeben werden wird. Einen Eisengehalt findet man durch Zusatz von Cyankalium; entsteht dadurch eine blaue Färbung, so ist Eisen da.

Analyse der Pottasche.

Pottasche. **15)** Man löst einen Theil davon in Salzsäure auf und filtrirt. Die abfiltrirte Flüssigkeit untersucht man erst mit Schwefelsäure auf Baryt; mit Oxalsäure und kaustischem Ammoniak auf Kalk; mit phosphorsaurem

Natron auf Magnesia; und verfährt dabei wie oben bei der Asche angeführt. Ferner prüft man einen Theil mit salzsaurem Baryt und Salpetersäure auf Schwefelsäure, wie oben gesagt. Einen andern Theil der Pottasche löst man in Schwefelsäure auf und setzt salpetersaure Silberauflösung hinzu; eine durch Salpetersäure nicht wieder verschwindende Trübung giebt Chlorkalium zu erkennen. Das, was sich nicht in Salzsäure oder Schwefelsäure gelöst, dampft man bis zur Trockniß ein und vermischt den Rückstand mit Wasser. Zeigt sich im Wasser ein Rückstand, welcher sich nicht löst, so ist dies Kieselerde. Daß Kohlensäure darin enthalten, zeigt das jedesmalige Aufbrausen bei dem Auflösen in Salz- oder Schwefelsäure. Ob außer Kali noch Natron darin enthalten, erfährt man auf folgende Weise: Man löst 100 Gran Pottasche in 500 Gran schwacher Schwefelsäure auf, filtrirt und thut zum klaren Filtrat essigsaures Blei. Letzteres verbindet sich mit dem Kali zu essigsaurem Kali, die Schwefelsäure mit dem Blei zu schwefelsaurem Bleioxyd. Nur muß man genügend essigsaures Blei hinzusetzen, um das Kali und die Schwefelsäure damit zu verbinden; man sieht dies daran, daß man filtrirt, zu einem Theil des klaren Filtrats etwas essigsaures Blei setzt, wird es danach trübe, so muß noch essigsaures Blei zugesetzt werden, und zwar so lange, bis eine abfiltrirte Probe nicht mehr trübe wird nach dem Vermischen mit essigsaurem Blei. Hat man dies erreicht, filtrirt man und kocht die ganze Flüssigkeit im Wasserbade bis zur Trockniß ein. Das Pulver, welches übrig bleibt, bringt man in eine Glasröhre, setzt 90 $\frac{0}{0}$ (nach Tralles) haltigen Spiritus hinzu, und beobachtet, ob sich alles im Spiritus löst. Löst sich alles darin auf, so war kein Natron darin; im entgegengesetzten Fall war jedoch Natron darin enthalten. Wenn durch Cyankalium eine blaue Färbung entsteht, ist Eisen darin enthalten.

Natron oder Soda.

Soda. 16) Man verfährt ganz so wie bei der Pottasche, nur kann man nicht auf Schwefelsäure untersuchen, weil die Soda mit Hülfe der Schwefelsäure gewonnen wird, und außer dem kohlensauren Natron immer noch schwefelsaures und unterschwefelsaures Natron enthält, welches von 4—20 % steigt. Ebenso verhält es sich mit dem Chlorkalium, da die Soda durch Zersetzen des Salzes mit Schwefelsäure gewonnen wird. Da sich die Zersetzung des Salzes im Großen nie so vollkommen ausführen läßt, so finden sich genannte Substanzen immer vor, man hat daher nur nöthig, sie quantitativ zu bestimmen.

Steinasche.

Steinasche. 17) Die amerikanische Steinasche, oder rothe Pottasche, unterscheidet sich durch ihren Gehalt von Aetzkali von den andern Pottaschsorten. Sie wird dadurch gewonnen, daß die Aschenlauge mit Kalk kausticirt (ätzend gemacht), und in eisernen Kesseln eingekocht wird. Durch das Kausticiren enthält sie nur einen kleinen Theil kohlensaures Kali. Außerdem ist sie dadurch ausgezeichnet, daß sie von allen Pottaschsorten das meiste Natron enthält. Die Analyse ist dieselbe wie bei der Pottasche.

Alkalische Erde. Kalk.

Kalk. 18) Der Kalk kömmt in mächtigen Steinlagern im Innern der Erde als kohlensaurer Kalk vor. Derselbe ist darum wichtig geworden für den Fabrikanten, weil er mit seiner Hülfe den alkalischen Salzen, Kali und Natron, ihren Kohlensäuregehalt entzieht und sie dadurch ätzend macht, oder mit andern Worten ausgedrückt: Der Kalk entzieht im gebrannten Zustande den alkalischen Salzen ihren Kohlensäuregehalt, führt sie also auf ihren natürlichen Standpunkt, als Basen zu wirken, zurück. Da sich die Basen mit Säuren zu Salzen verbinden, so können die Alkalien, auf diese Weise von ihrer Kohlensäure befreit, sich mit den Fettsäuren zu Seifen verbinden. Der Kalk ist hier die prädisponirende Kraft; denn indem er danach strebt, sich mit einer Säure zu verbinden, disponirt er das Alkali zur Seifenerzeugung, und gewinnt dabei dessen Kohlensäure. Ein Alkali kann sich mit den Fettsäuren nicht zu einem festen Salze verbinden, so lange es an Kohlensäure gebunden ist. Die Hauptsache bei einem guten Kalk ist daher, daß er selbst kohlensäurenfrei sein muß, indem, wenn er schon mit Kohlensäure gesättigt ist, dem Alkali keine entziehen kann. Man erreicht dies dadurch, daß man den Kalk brennt; durch die Hitze verflüchtigt sich die Kohlensäure. Kömmt der Kalk daher in diesem Zustande mit einem kohlensäurehaltigen Körper in Berührung, so zeigt er die größte Affinität für dieselbe, und befreit den Körper davon. Um sich zu überzeugen, daß der Kalk kohlensäurefrei ist, übergießt man ihn mit Salzsäure, braust er danach auf, so ist noch Kohlensäure da. Es ist zwar ausgemacht, daß der im Handel vorkommende Kalk nie ganz rein von Kohlensäure ist, jedoch darf sie nicht im Uebermaaß vorhanden sein; man thut daher gut, sich jedesmal von der Güte desselben zu überzeugen, bevor man ihn anwendet. Man löst zu diesem Behuf **100** Gran in Salzsäure auf und sieht zu, wie groß der Gewichtsverlust der durch die Auflösung be-

— 18 —

wirkten Kohlensäureverflüchtigung ist. Stellt sich ein Verlust von 10 Gran heraus, so daß also in 100 Theilen Kalk 10 Theile Kohlensäure sind, so ist er zu gebrauchen, steigert sich aber dies bis zu 20 $ und noch mehr, so ist er nicht zu gebrauchen. Außerdem kömmt es häufig vor, daß der Kalk todtgebrannt ist, wie man zu sagen pflegt. Es ist dies eine Folge, wenn in dem Kalke noch allerlei fremde Stoffe vorhanden waren, wie z. B. Thonerde, Schwefel, Phosphor, Magnesia ꝛc., welche beim Brennen mit dem Kalk zusammen sinterten. Schwefel, Phosphor, Magnesia findet man auf dieselbe Weise, wie es bei den Alkalien angegeben, nämlich durch auflösen in Säure und prüfen mit Baryt, phosphorsaurem Natron ꝛc.

Quantitative Bestimmung der untersuchten Körper.

19) Quantitative Analyse oder Bestimmung des absoluten Gewichtes eines Körpers, den man in einer Substanz aufgefunden.

Die Bestimmung des kohlensauren Kali ist hier ausgeschlossen, weil dasselbe bei der Alkalimetrie bestimmt wird.

Schwefelsaures Kali.

20) Zunächst dem kohlensauren Kali findet sich das schwefelsaure Kali am häufigsten und in ziemlich großer Menge in den Alkalien. Man bestimmt sein absolutes Gewicht, in welchem es darin enthalten ist, auf folgende Weise: Man wiegt 100 Gran Pottasche ab, löst dieselbe in kochendem Wasser auf, und übersättigt das klare Filtrat mit Salzsäure; d. h. es wird so viel Salzsäure hinzugethan, bis die Mischung sauer ist; ein Zeichen hiervon ist, daß sie blaues Lackmuspapier roth färbt. Darauf wird salzsaurer Baryt hinzugethan. Dieser verbindet sich mit dem schwefelsauren Kali und fällt zu Boden. Darauf wird filtrirt, zu der abfiltrirten Flüssigkeit wieder etwas salzsaures Baryt gesetzt und zugesehen, ob dadurch eine Trübung erfolgt oder nicht; erfolgt eine, so muß noch salzsaurer Baryt hinzugesetzt werden, und zwar so lange, bis eine abfiltrirte Probe keine Reaktion mehr hervorbringt, beim Vermischen mit Baryt. Hat man den Punkt erreicht, daß alles schwefelsaure Kali sich mit dem hinzugesetzten Baryt verbunden, so filtrirt man weiter und süßt den weißen Satz, der im Filtrum zurückbleibt so lange mit heißem Wasser aus, bis die abtropfende Flüssigkeit blaues Lackmuspapier nicht mehr roth macht. Wenn alles abgetropft und an der Luft trocken geworden, glüht man denselben, bis das Papierfiltrum verkohlt und die vorhandene Feuchtigkeit verschwunden. Der trockene Rest wird auf einer feinen chemischen Waage gewogen. 1458 Gran schwefelsaurer Baryt sind = 1091 schwefelsaures Kali; man kann daraus die Gewichtsmenge berechnen. Hat man z. B. 54 schwefelsauren Baryt, so ist dies = 40 schwefelsaures Kali.

Bestimmung des Chlorkaligehaltes eines Alkali.

21) Man löst 100 Gran Pottasche in heißem Wasser auf, und übersättigt die Auflösung mit Salpetersäure (d. h. man macht sie durch Säure sauer; ein Zeichen davon ist, daß ein in die Auflösung getauchtes Stück blaues Lackmuspapier roth wird). Zu der salpetersauren Mischung setzt man salpetersaure Silberauflösung. Das Chlor verbindet sich mit dem Silber und fällt als Chlorsilber nieder. Man sehe jedoch darauf, daß alles Chlor durch genügend hinzugesetzte Silberauflösung gefällt wird; es wird eben so erkannt, wie bei der Fällung des schwefelsauren Kali, daß man zu einem Theil der abfiltrirten Flüssigkeit etwas Silberauflösung setzt; entsteht

Chlorkalium.

keine Trübung dadurch, so ist genügend Silberauflösung zugesetzt, wo nicht, muß man so lange zusetzen, bis dieser Punkt erreicht ist. Dann wird das Ganze abfiltrirt, der Rückstand des Filtrums mit heißem Wasser so lange ausgewaschen, bis die abtropfende Flüssigkeit auf Lackmuspapier nicht mehr reagirt, dann getrocknet und etwas erwärmt. Die trockene Masse gewogen giebt den Chlorgehalt. 1704,26 Chlorsilber sind = 932,57 Chlorkalium. Angenommen, ich hatte 14 Gran Gewicht bekommen, so sind dies nach dem angegebenen Verhältniß berechnet: 14 Gran Chlorsilber sind = 7,28 Chlorkalium, also in 100 Gran habe ich 7,28 Gran Chlor.

Bestimmung der Feuchtigkeit eines Alkali.

Feuchtigkeit. 22) Man wiegt 100 Gran Pottasche oder Soda genau ab und glüht sie so lange, bis sie keinen Gewichtsverlust erleidet. Der Gewichtsverlust, der sich beim Wiegen herausstellt, besteht in verflüchtigter Feuchtigkeit. Hat man daher beim Wiegen nur 90 Gran statt der abgewogenen 100, so hat man 10 § Feuchtigkeit.

Bestimmung des Natrongehaltes in der Pottasche.

Natron in Pottasche. 23) Hat man auf die, bei der qualitativen Analyse der Pottasche angegebene Weise Natron gefunden, so filtrirt man die spirituöse Flüssigkeit, den Rückstand des Filtrums glüht man, bis die Feuchtigkeit verflüchtigt, und wiegt ihn dann. Das Gewicht, welches man erhält, ist das des Natron's.

Bestimmung der Kohlensäure in der Pottasche.

Kohlensäure. 24) Man löst 100 Gran Pottasche in 500 Gran Schwefelsäure auf. Wenn das Brausen aufgehört, läßt man die Mischung etwas stehen, und wiegt dann nach, wie viel an 600 Gran Mischung fehlen. Der Gewichts= verlust besteht in verflüchtigter Kohlensäure. Wenn man daher nur 580 Gran Mischungsgewicht bekommen hat, so sind in 100 Gran, 20 Gran Kohlensäure enthalten.

25) Die bisher angeführten Körper, wie schwefelsaures Kali und Chlorkalium, Natron, Kohlensäure, Feuchtig= keit, sind die wichtigsten, deren Gewichtsmenge zu kennen der Fabrikant nicht umgehen kann. Andere Körper wie: Magnesia, Phosphorsäure und unlösliche Substanzen sind in einer reellen Pottasche so gering, daß deren Ge= wichtsbestimmung nur von wissenschaftlichem Interesse ist. Das kohlensaure Kali ist natürlich der Hauptbestandtheil, dessen Bestimmung, wie schon oben bemerkt, durch die Alkalimetrie erklärt wird. Folgende Tabelle giebt einen Ueberblick über die Bestandtheile verschiedener Pottasch= sorten, doch ist das kaustische Kali als kohlensaures Kali mit berechnet. *Anmer= kungen.*

	Pottasche.					
	Tosca= nische	Russische	Rothe amerika= nische	Amerika= nische Perlasche	Vogesen	Aus Rüben= melasse.
Schwefelsaures Kali	13,47	14,11	15,32	14,38	38,84	2,98
Chlorkalium	0,95	2,09	8,15	3,64	9,16	19,69
Kohlensaures Kali	74,10	69,61	68,07	71,38	38,63	53,90
Kohlensaures Natron	3,00	3,09	5,85	2,31	4,17	23,17
Wasser	7,28	8,82	—	4,56	5,34	—
Unlösliche Bestandtheile	1,20	2,28	2,64	2,73	3,86	0,26

Rückblick auf die bisherigen Analysen.

26) a) **Das Wasser.** Beweise für die Härte desselben. Auffinden von Kalk und Magnesia, sowie von Kohlensäure, Phosphorsäure und Schwefelsäure. Im Allgemeinen unterscheiden sich die Wasser folgenderweise:

Unterscheidung der verschiedenen Wasser, hinsichtlich ihrer Eigenschaften.

Regenwasser enthält am wenigsten fremdartige Stoffe; Brunnenwasser viel fremde Stoffe, besonders kohlensauren Kalk. Flußwasser enthält weniger, besonders organische Stoffe. Seewasser enthält viel Salztheile, weil es mit unterirdischen Salzlagern in Verbindung steht. Stehende Gewässer enthalten viel organische Stoffe, besonders Schwefelwasserstoff.

b) Asche: enthält Kali, Natron, gebunden an Kohlensäure, Phosphorsäure, Salzsäure und Schwefelsäure, so wie auch Kieselsäure. Letztere, welche nur in festem Zustande vorkömmt, heißt darum Säure, weil sie sich mit Basen zu Salzen verbindet. Will man ein Alkali auf Phosphorsäure prüfen, muß erst der Kalk daraus abgeschieden werden, indem das Reagens der Phosphorsäure (phosphorsaures Natron) eben so gut Kalk anzeigt, wie Phosphorsäure. Die systematische Ordnung bei der Prüfung der Asche ist wie folgt: Zuerst auf Kali, Natron dann auf Erden: wie Baryt, Kalk ꝛc.; auf Säuren: Phosphorsäure, Schwefel- und Salzsäure.

c) Pottasche. Untersuchung auf Kali: Natron; auf Erden: Baryt, Kalk; auf Säuren: Kohlen-, Schwefel-, Salz- und Phosphorsäure.

d) Soda. Auf gleiche Weise, wie die Pottasche, nur hat man nicht nöthig, auf Schwefelsäure zu untersuchen, weil selbige immer darin enthalten ist.

Affinition des Kalkes zu andern Körpern.

e) Kalk. Untersuchung, ob er frei von Kohlensäure ist, oder nicht. Ferner ob er viel Baryt, Magnesia enthält, ob er daher todtgebrannt ist, oder nicht? Der Kalk hat die größte Affinition für Wasser und Kohlensäure; läßt man ihn an der Luft liegen, so zieht er erst Wasser an, zerfällt zu Pulver, später zieht er auch Kohlensäure an, und braust dann wieder mit Säuren. 3 Pfund Kalk binden 1 Pfund Wasser, und bilden ein Pulver, welches man Kalkhydrat nennt.

Alkalimetrie.

27) Die Bestimmung des Alkaligehaltes der verschiedenen Alkalien, welche der Fabrikant nöthig hat, kann auf mehrere Arten geschehen; ich habe daher verschiedene Methoden hier aufgestellt, einfach und auch komplicirt.

Der Gehalt an kohlensaurem Kali und kohlensaurem Natron ist sehr verschieden, ist jedoch derjenige Theil, welcher die Anwendung der Alkalien bedingt. Der Werth der Alkalien hängt also von der größeren oder geringeren Menge von kohlensaurem Kali oder Natron ab, je mehr darin enthalten ist, je größer, je weniger, desto geringer ist der Werth. Erst wenn man die Menge dieses Salzes bestimmt hat, weiß man, wie viel davon an Gewicht zu einem bestimmten Zwecke nöthig ist. Um die richtige Bestimmung des kohlensauren Kali oder Natron zu erzielen, muß jedoch immer eine Untersuchung über seine Bestandtheile vorangehen, besonders ist dies bei Soda der Fall.

Die Pottasche enthält oft Aetzkali, kohlensauren Kalk und Bittererde; die Soda enthält außer den fremden kohlensauren Salzen, häufig Aetznatron, Schwefelnatrium, schwefelsaures und unterschwefelsaures Natron. Die rohe Soda enthält immer kohlensauren Kalk.

28) Um die kohlensauren Salze des Kalks und der Bittererde zu entfernen, wird die wässerige Lösung der Alkalien filtrirt, der unlösliche, mit warmem Wasser ausgewaschene Rückstand, braust mit Salzsäure versetzt auf, wenn kohlensaurer Kalk und Bittererde vorhanden *Erkennung von kohlensaurem Kalk und Bittererde in der Pottasche.*

war. In diesem Falle wendet man nur die filtrirte Lösung des zu untersuchenden Alkali an.

Erkennung von kaustischem Kali.

29) Um das kaustische Alkali in den rohen Alkalien zu erkennen, rührt man einen Theil Alkali mit drei Theilen Chlorbaryum, bei roher Soda mit 4—5 Theilen, und Regenwasser zusammen, und filtrirt. Bringt man die Flüssigkeit auf Curcuma oder Georginenpapier, so wird dies braun oder grün gefärbt, wenn kaustisches Alkali vorhanden war, sonst nicht; indem alles kohlensaure Alkali sich mit dem Chlorbaryum zersetzt hat, in unlöslichen kohlensauren Baryt, und in Chlorkalium oder Chlornatrium, während das kaustische Alkali durch Chlorbaryum nicht verändert wird.

Ist Schwefelmetall da?

30) Ist Schwefelmetall vorhanden, so reagirt auch dieses alkalisch, man erkennt dies daran, daß man kohlensauren Ammoniak zu dem zu untersuchenden Alkali gießt, die Mischung erwärmt und beobachtet, ob nur Ammonium oder Schwefelammonium entweicht. Man erkennt diesen leicht am Geruch, oder auch, daß man mit Bleizuckerlösung befeuchtetes Papier darüber hält und beobachtet, ob es schwarz wird, geschieht dies, so ist Schwefel vorhanden.

Ist Schwefelnatrium da?

31) Schwefelnatrium, schwefelsaures und unterschwefelsaures Natron entdeckt man in der Soda, indem man 2 Loth Schwefelsäure schwach mit etwas chromsaurem Kali färbt, und zu dieser Säure von der Soda setzt, doch so, daß die Mischung sauer bleibt; entsteht eine grünliche Färbung, so sind die genannten Salze vorhanden, behält die Flüssigkeit ihre röthliche Farbe, so ist sie frei davon. Schwefelsaures Salz, Chlormetall u. a. wirken nicht verändernd auf die Bestimmung des Alkaligehaltes.

Einfache Methoden zur Bestimmung des verschiedenen Alkaligehaltes.

32) Die Bestimmung des Alkaligehaltes kann geschehen:

a) Indem man die Pottasche in Säure auflöst und durch den Gewichtsverlust an Kohlensäure das reine Kali berechnet. 32 Kohlensäure lassen 68 reines Kali erkennen.

b) Descroizilles bestimmt den Gehalt an kohlensaurem Alkali durch verdünnte Schwefelsäure. Er versetzt 5 Gramm Schwefelsäure mit so viel Wasser, daß ihr Volumen auf 100 steigt (jedes Volumen ½ Kubikcentimeter). Dann wiegt er 5 Gramm Soda oder Pottasche ab, löst sie in heißem Wasser auf, und setzt zu der filtrirten Lösung des Alkali so viel Säure, bis sie sich damit gesättigt die Menge der verbrauchten Säure giebt hier den Gehalt an kohlensaurem Alkali, da sie diesem proportional ist.

33) c) Gay-Lussac's Methode: Er bestimmt das Gewicht des Kali oder Natron direkt, welches in dem rohen Salze, als kohlensaures Salz oder Hydrat enthalten ist; er nimmt deshalb nicht das gleiche absolute Gewicht an Alkali und an Schwefelsäure, sondern er nimmt ein, dem absoluten Gewichte des letzteren entsprechendes Aequivalentengewicht der Salze. Nimmt man daher 5 Gramm Schwefelsäure, so nimmt man nicht 5 Gramm Pottasche oder Soda, sondern nur 4,806 Gramm Pottasche, oder 3,163 Soda. Das Aequivalentengewicht des Schwefelsäurehydrats ist: 49, das der Kali: 47,1 und das der Natrons: 31 d. h. 49 Schwefelsäure, können sich mit 47,1 Kali und mit 31 Natron verbinden. Will man daher ausrechnen, wieviel Aequivalentengewicht man auf 5 Gramm Schwefelsäure gebraucht, so

Bestimmung des Alkaligehaltes

nach Gay-Lussac.

setzt man dies folgendermaaßen: Auf ein Gramm Schwefelsäure, dasselbe = 49 angenommen, gebraucht man 47,1 Kali oder 31 Natron, wie viel auf 5 Gramme? Das Facit, welches man erhält, ist das Aequivalentengewicht des Kali oder Natron, welches dem absoluten Gewicht der Schwefelsäure entspricht. Dasselbe wird in absolutes Gewicht verwandelt, indem man es mit dem Aequivalentengewicht der Schwefelsäure 49, welches = 1 Gramm absoluten Gewichtes ist, dividirt. Der Ansatz würde also sein: $5 \times 47,1$: durch 49 ist $= 4{,}806$ oder $5 \times 31 : 49$ ist $= 3{,}163$; ist die Schwefelsäure auf 100 Volumen verdünnt, so geben die verbrauchten Volumen derselben, den Gehalt an kohlensaurem Salz und Hydrat als reines Oxyd (nämlich Kalium und Natriumoxyd), dem Gewicht nach, in 100 Theilen, oder in Prozenten des unreinen Alkali an. Den Punkt der Sättigung, (d. h. daß man genügend Säure hinzugesetzt hat) erkennt man daran, daß bei Zusatz von etwas wässeriger Lackmuslösung, die dadurch entstehende blaue Färbung bei Zusatz von Säure erst weinroth wird, durch die entweichende Kohlensäure aber zwiebelroth, sobald etwas überschüssige Schwefelsäure da ist, und daß die durch einen Tropfen der Lösung, welche mit einem Glasstab auf Lackmuspapier gestrichen ist, hervorgebrachte rothe Färbung beim Trocknen an der Luft nicht verschwindet. Oder man setzt so lange Säure zu, wie rothes Lackmuspapier noch blau wird; geschieht dies nicht mehr, so taucht man ein Stückchen blaues Lackmuspapier in die Mischung und sieht zu, ob dasselbe nicht roth gefärbt wird, was einen Ueberschuß an Säure anzeigen würde. Der Sättigungspunkt oder Neutralitätspunkt, d. h. daß weder Säure noch Base (Pottasche, Soda) vorherrscht, ist der, wenn rothes Lackmuspapier nicht mehr blau, blaues aber auch nicht roth wird. Letzterer Versuch ist für die praktische Anwendung der einfachste und empfehlenswertheste; denn dem Fabrikanten genügt schon eine annähernde Bestimmung des Kali, und kömmt es auf 2 — 3 % Differenz nicht an. Die äußerste Genauigkeit ist nur für wissenschaftliche Zwecke nothwendig. Beschaffenheit der Schwefelsäure.

Alkalimeter.

34) Bei dieser Methode ist es unumgänglich nothwendig, daß die Schwefelsäure nicht mehr als ein Aequivalent Wasser enthalte, was aber nie der Fall ist; deshalb ist es zweckmäßiger, sich nach Otto's Angabe, mittelst gewöhnlicher Schwefelsäure, eine verdünnte Säure von einer bestimmten Stärke darzustellen so daß 100 Gewichts- oder Maaßtheile der Probesäure, ein bestimmtes Gewicht, z. B. 1 Gramm oder 5 — 10 Gramm reines Alkali oder kohlensaures Alkali sättigen.

Zum Abmessen der Probesäure dient das Alkalimeter. Es ist ein cylindrisches Glasrohr mit einem Fuß, welches bis zu einem bestimmten Punkt 0 in 100 gleiche Theile getheilt ist. Statt eines solchen Rohres kann man auch eine Burette anwenden, welche auch in 100 gleiche Theile getheilt ist; sind diese Kubikcentimeter oder bestimmte Theile desselben, so läßt sie sich überhaupt zum Abmessen gebrauchen. Sie sind zwar etwas theuer, haben jedoch den Vortheil, daß man die einzelnen Tropfen mit mehr Genauigkeit abmessen kann.

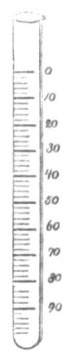

Burette.

Darstellung der Probesäure.

Darstellung der Probesäure.

35) Zur Darstellung einer Probesäure, von der 100 Volumen 5 Gramm reines Kali sättigen, mischt man zuerst 1 Gewichtstheil gewöhnlicher Schwefelsäure, mit so viel Wasser, daß die Säure noch etwas stärker ist, als sie zum gewöhnlichen Gebrauch sein soll; ent-

sprechen die 100 Raumtheile des Alkalimeters, wie angenommen ist, 100 Kubikcentimetern, so sollen 100 Gramm Probesäure etwas mehr als 5 Gramm Schwefelsäurehydrat enthalten; da aber die gewöhnliche Schwefelsäure meistens schon etwas Wasser enthält, so mischt man sie vorläufig mit dem 12 — 14fachen Wasser. Um die Stärke dieser Säure genau zu bestimmen, soll man sie mit reinem Kaliumoxyd prüfen; da man sich dasselbe aber schwieriger verschaffen kann und man weiß, daß 1 Aequivalent Kaliumoxyd nicht mehr und nicht weniger Säure sättigt als 1 Aequivalent kohlensaures Natron, so hat man statt 5 Gramm Kali, nur die entsprechende Menge trocknes kohlensaures Natron zu nehmen, also: 5,626 Gramm. Zur Darstellung desselben erhitzt man doppeltkohlensaures Natron in einem Porzellanschälchen unter Umrühren, bis $120°$ oder $150°$ Celsius, so lange es noch Feuchtigkeit abgiebt.

Bestimmung des Natrons.

36) Man löst nun das kohlensaure Natron in einem Becherglase durch Umschütteln in 30 — 40 Gramm heißem Wasser, setzt etwas Lackmuslösung hinzu, bis die Flüssigkeit deutlich blau ist. Unterdeß ist das Alkalimeter mit der verdünnten Probesäure bis 0 gefüllt, von dieser setzt man zu der heißen Natronlösung hinzu, bis die blaue Flüssigkeit durch Violett und Weinroth in Hellroth (Zwiebelroth) übergeht, und bis Lackmuspapier, mit einem Tropfen der Lösung befeuchtet, auch nach dem Trocknen noch geröthet ist. Man liest jetzt am Alkalimeter das Volumen der verbrauchten Säure ab, es müssen weniger als 100 Volumen gebraucht sein; sind z. B. 88 Volumen Wasser gebraucht, so muß auf je 88 Volumen der Säure, noch 12 Volumen Wasser zugesetzt werden. Hat man das Alkalimeter nach Kubikcentimeter eingetheilt, so mißt man die ganze verdünnte

Säure in einem graduirten Literglase ab, und setzt dann auf je 88 Kubikcentimeter derselben 12 Kubikcentimeter Wasser zu. Die auf diese Weise dargestellte Säure, von der 100 Maaß gerade 5,626 Gramme kohlensaures Natron, also 5 Gramme Kali sättigen.

Untersuchung von Pottasche nach dieser Methode. c.

37) Man nimmt 5 Gramm, reibt sie in einem Mörser mit etwas heißem Wasser an, filtrirt die Lösung, wenn sie trübe ist, in ein Becherglas, wäscht aber dann das Filter vollkommen mit warmem Wasser aus, und setzt zu der heißen, mit Lackmuslösung gebläuten Flüssigkeit von der Probesäure, bis zum Eintritt der zwiebelrothen Farbe, und liest dann am Alkalimeter die hierzu an Säure verbrauchten Volumina ab; die verbrauchte Menge Säure giebt die Prozente an Kali an. *Prüfung auf reines Kali.*

38) Will man den entsprechenden Gehalt an kohlensaurem Kali wissen, oder an Kalihydrat, so hat man die gefundenen Prozente an Kali mit: 1,467, oder mit: 1,191 zu multipliziren, um im ersten Falle den Prozentgehalt an kohlensaurem Kali, im zweiten Falle an Kalihydrat, zu erfahren. *Prüfung auf kohlensaures Kali und Kalihydrat.*

Auch erfährt man diesen Prozentgehalt an kohlensaurem Kali, wenn man zu jedem Versuche statt 5 Gramm: 7,335 (d. i. 5 × 1,467) Gramm Pottasche nimmt; oder an Kalihydrat, bei Anwendung von: 5,955 = (5 × 1,191) Gramm.

39) So wie Pottasche untersucht man auch kaustische Kalilauge; ist diese sehr verdünnt, so nimmt man statt 5 Gramm, um den Beobachtungsfehler zu verringern, 2 × 5 oder 4 × 5, oder ein anderes Vielfaches von 5 Gramm Lauge. Man verbraucht dann aber auch um so viel mal mehr Säure, als man das Vielfache von 5 *Prüfung von kaustischer Kalilauge.*

an Lauge nahm. Man muß daher die verbrauchten Grade der Probesäure durch 2 oder 4 u. s. w. dividiren. Auch Holzasche untersucht man so, doch ist es gut, 10—25 Gramm davon zu nehmen.

Untersuchung von Soda nach demselben System.

<small>Bestimmung des Natrongehalts der Soda.</small>

40) Entweder untersucht man die Soda mit einer besondern „Natronprobesäure," die man sich auf die gleiche Weise mit 8,348 Gramm trocknem kohlensaurem Natron, oder 23,064 krystallisirtem kohlensaurem Natron darstellt, wenn man mit der Probesäure den reinen Gehalt au Natron erfahren will, — oder man nimmt 5 Gramm trockenes, oder 13,490 Gramm krystallisirtes kohlensaures Natron, wenn man den Gehalt an trockenem kohlensaurem Natron erfahren will.

<small>Weitere Benutzung der Kaliprobesäure.</small>

41) Die Kaliprobesäure kann man auch zur Soda benutzen, indem man von letzterer 5,626 zu jeder Probe nimmt; wäre diese reines, trockenes kohlensaures Natron, so würden genau 100 Volumen von dieser Kaliprobesäure gebraucht werden müssen; die von 100 der Säure verbrauchten Volumen entsprechen also den Gewichtsprozenten von trockenem kohlensaurem Natron in einer Soda oder im Sodasalz. Bei Untersuchungen von schwächeren Natronlaugen oder geringeren Sodasorten ist es zweckmäßig, auch ein Mehrfaches, mit einer ganzen Zahl von der normalen Gewichtsmenge zu nehmen, und das verbrauchte Volumen der Säure mit dieser Zahl zu dividiren.

<small>Verhalten der Schwefelverbindungen bei Bestimmung des Natronge=</small>

42) Der Gehalt an freiem kaustischem Alkali in Pottasche oder Soda, wird bei dieser Bestimmung als die äquivalente Menge kohlensaures Alkali bestimmt, was auch dem Wirkungswerthe entspricht. Anders ist es mit dem Schwefelnatrium, dem unterschweflig und schweflig=

sauren Natron in der Soda; diese Verbindungen werden auch durch die Probesäure zersetzt, und als kohlensaures Alkali in Rechnung gebracht, während sie nicht dessen Wirkung haben. Die in diesem Fall erhaltenen Resultate geben also den Gehalt an Soda zu hoch an, zum Schaden des Käufers. *haltes in der Soda.*

43) Dieses zu verhüten glüht man die abgewogene Probe der Soda zuerst mit etwas chlorsaurem Kali; der Sauerstoff dieses Salzes oxydirt in der Hitze, ohne Veränderung des kohlensauren Salzes und des Hydrats, alle genannten schwefelhaltenden Verbindungen zu schwefelsaurem Natron, während sich zugleich Chlorkalium bildet. Beide letzteren Verbindungen haben aber keinen Einfluß mehr auf die Richtigkeit der Resultate. *Verwandlung der schwefelhaltenden Verbindungen in schwefelsaures Natron.*

Bereitung der Probesäure aus Weinsteinsäure.

44) Da die Bereitung der Probesäure aus Schwefelsäure umständlich ist, die Schwefelsäure aber so, wie sie im Handel vorkömmt, wegen des verschiedenen Gehalts an Wasser nicht ohne Weiteres verwendet werden kann, so macht Wittstein den Vorschlag, die Stärke der Pottasche und Soda an kohlensaurem und ätzendem Alkali, durch die Menge Weinsäure zu bestimmen, welche zur Sättigung nöthig ist. Die Weinsäure hat vor der Schwefelsäure den Vorzug, daß sie fest ist, hinlänglich rein im Handel vorkommt, und die nöthige Menge Säure jedes Mal leicht abgewogen werden kann: 100 Gramm Weinsäure sättigen 92,13 kohlensaures Kali, oder 70,66 kohlensaures Natron; nimmt man also zu einem Versuch 5 Gramm krystallisirte Weinsteinsäure, so erfordern diese: 4,606 Gramm kohlensaures Kali, oder: 3,533 kohlensaures Natron zur Sättigung. Man kann nun diese Gewichtsmengen an Pottasche oder Soda zu jedem Versuch *Probesäure aus Weinsteinsäure.*

nehmen, oder auch das Doppelte; in letzterem Falle geben die Decigramme der zur Sättigung verbrauchten Weinsäure den Prozentgehalt der Alkalien an kohlensauren Salzen.

b. Descroizilles Alkaliprobe.

Descroizilles Alkaliprobe.

45) Der Inhalt ist schon oben angegeben. Das Nähere ist nun Folgendes: Das Descroizillessche Alkalimeter besteht aus einem Glascylinder 8 — 9 Zoll hoch, 7 — 8 Linien weit, oben mit einem umgebogenen Rande und Ausgusse versehen. Es ist vom Boden in 100 gleiche Raumtheile (Volumen) getheilt, von denen ein jeder $= \frac{1}{2000}$ Liter, oder $=$ dem Raume eines halben Grammes Wasser ist. Der Cylinder wird mit verdünnter Schwefelsäure gefüllt, aus 1 Theil konzentriter Schwefelsäure und 9 Theilen Wasser bereitet, bis an den Nullstrich, so daß 100 Volumen verdünnter Säure darin sind. Von der Pottasche, welche geprüft werden soll, nimmt man verschiedene Stückchen, zerreibt sie in einem Porzellanmörser und wägt 5 Gramm ab. Diese wird in heißem destillirtem oder Regenwasser aufgelöst, filtrirt, und der Rückstand sorgfältig ausgesüßt, bis rothes Lackmuspapier nicht mehr blau wird von der abfiltrirten Flüssigkeit. Die abfiltrirte Flüssigkeit rührt man mit einem Glasstäbchen gut um, darauf setzt man aus dem Cylinder allmählig von der Probesäure hinzu, zuletzt, wenn das Aufbrausen schwach wird, tropfenweise, bis die Neutralisation erfolgt ist. Die zur Neutralisation verbrauchte Menge Probesäure findet man am Cylinder, und kann man einen halben Grad weniger nehmen, um sicher zu gehen. Prüft man Asche, so nimmt man statt 5 Gramm, 10 Gramm, kocht sie mit Wasser tüchtig aus und verfährt wie oben, indem man mit 2

dividirt ꝛc. Diese Probe giebt jedoch nur die relativen und nicht den absoluten Gehalt an kohlensaurem reinem Kali an; um dies zu erfahren verfährt man folgendermaßen:

46) 100 Theile reines, wasserleeres Kali neutralisiren 104 Theile konzentrirter Schwefelsäure. Man wägt nun 100 Gran Pottasche ab, löst sie auf, verdünnt 104 Gran konzentriter Schwefelsäure mit 8 – 9 Theilen Wasser, so daß ein Cylinder von 100 Raumtheilen bis zum Nullstrich damit gefüllt wird, und schüttet aus diesem in die Pottaschlösung. Die Menge der verbrauchten Schwefelsäure in Graden ergiebt den Prozentgehalt an reinem Kali in der Pottasche. Wären z. B. 50° Probesäure zur Neutralisation erforderlich gewesen, so enthalten 100 Gran Pottasche 50 Gran reines Kali, denn wenn 100 Gran reines Kali, 104 Gran konzentrirte Schwefelsäure, = 100° Probesäure, neutralisiren, 100 Gran Pottasche aber nur 50° = 50 Gran von obiger Schwefelsäure erfordern, so können in 100 Gran Pottasche nur 50 ℔ reines Kali enthalten sein, welche von 104 Gran Schwefelsäure neutralisirt werden. *Bestimmung des absoluten Gehaltes an kohlensaurem Kali.*

47) Rohe Sodasorten müssen auf das Feinste zerrieben werden, man siebt das Pulver, wägt die vorschriftsmäßige Menge ab und übergießt dieselbe mit Wasser, zu drei verschiedenen Malen, indem man das feine Pulver mit Wasser wohl anrührt. Hierauf wird die Lösung eine Zeit lang hingestellt, filtrirt und die Probesäure zugesetzt. Die verbrauchten Grade der Probesäure sind die Prozente des Kalis. Den absoluten Gehalt erfährt man, wenn man 157 Gran konzentrirte Schwefelsäure mit so viel Wasser verdünnt, daß der Probecylinder bis 0° damit gefüllt ist; denn 100 Theile reinstes Natron neutralisiren 157 konzentrirte Schwefelsäure. *Prüfung des Natrongehaltes von Soda nach dieser Methode.*

— 34 —

Schwierigkeiten, welche diese Probe unsicher machen.

48) Bei der Descroizilles'schen Probe treten bei der Sodauntersuchung immer, bei der Pottasche selten, dieselben Schwierigkeiten in den Weg, wie bei der Gay-Lussac'schen. Bei Zusatz der Probesäure wird nämlich auch hier das schwefligsaure und unterschwefligsaure Natron und Schwefelnatrium neutralisirt; dies zu verhüten und nicht einen größeren Gehalt an reinem Natron zu bekommen, als wirklich in der Soda ist, wird ebenfalls, wie bei der Gay-Lussac'schen Probe, die Soda mit chlorsaurem Kali geglüht; nach dem Glühen aufgelöst, stellt man die gewöhnliche Probe an. Durch diesen Prozeß ist die schweflige, unterschweflige Säure und der Schwefel in Schwefelsäure verwandelt worden, welche mit dem Natron ein durch Probesäure nicht zersetzbares Salz bildet. Um sich von der Richtigkeit des Gesagten zu überzeugen, mache man zwei Versuche, einen ohne mit chlorsaurem Kali zu glühen, einen anderen aber, indem man vorher glüht; war blos schweflige Säure in der Soda, so braucht man nur die sich jedenfalls findende Differenz zu verdoppeln, und man hat die mit ihr in Verbindung stehende Menge Natron; war es Schwefel, so ist die erhaltene Differenz die Anzeige der Menge Natron, die sich aus dem Schwefelnatrium entwickelt hat.

Alkaliprobe nach Fresenius und Will.

Alkaliprobe nach Fresenius und Will, durch Bestimmung der Kohlensäure.

49) Die bei a §. 32 angegebene Bestimmung des Kali durch den Verlust an Kohlensäure, wird von Fresenius und Will ausführlicher erklärt. Um den Gehalt an kohlensauren Salzen in den Alkalien zu erfahren, darf man nur ihren Gehalt an Kohlensäure wissen, indem 1 Aequivalent Kohlensäure = 22, einem Aequivalent jedes der kohlensauren Salze entspricht. Bei der Zersetzung der Salze durch stärkere Säuren, entweicht

die Kohlensäure; der Gewichtsverlust giebt hier den Gehalt an Kohlensäure, wenn man auch dafür sorgt, daß nur Kohlensäure entweicht und kein Wasserdampf.

50) Dies geschieht durch beistehenden Apparat. Ein größeres Kölbchen A, 60 bis 80 Gramm Wasser enthaltend, steht mittelst 2 doppelt durchbohrter Korke, mit dem etwas kleineren Kölbchen B, durch die doppelt gebogene Glasröhre c in Verbindung, welche bis nahe auf den Boden von B, aber nur oben bis in den Hals von A reicht; ein zweites gerades Rohr a geht bis auf den Boden von A; die zweite kurze Röhre b mündet nahe unter dem Kork von B.

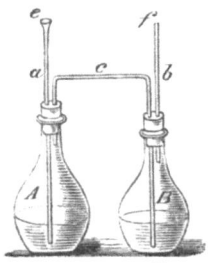

Beschreibung des Apparates.

51) Man bestimmt erst den Wassergehalt der Pottasche und nimmt zu den weiteren Versuchen nur von der getrockneten Probe, weil in dieser auch alles doppelt kohlensaure Alkali zerstört ist, dessen Anwesenheit das Resultat unrichtig macht, weil der wahre Gehalt unter dem gefundenen ist. Das einfach kohlensaure Kali kann nämlich doppelt so viel Kohlensäure aufnehmen, es wird dadurch zu doppelt kohlensaurem Kali oder Natron. Es ist klar, daß, wenn man doppelt kohlensaures Kali oder Natron zwischen der Probe hat, ein größerer Gewichtsverlust bei Zersetzung durch stärkere Säuren erzielt wird, als bei einfach kohlensaurem Natron, ohne daß dadurch mehr Kali darin enthalten wäre. Wird aber vorher geglüht, so entweicht ein Theil Kohlensäure, und das doppelt kohlensaure Alkali verwandelt sich wieder in einfach kohlensaures Alkali, und die Bestimmung ist wieder richtig.

Verfahrungsweise

Die geglühte Probe bringt man nun in das Kölbchen A, füllt das Kölbchen bis zu $\frac{1}{4}$ mit Wasser; B ist etwas über $\frac{1}{3}$ bis nahe $\frac{1}{2}$ mit konzentrirter Schwefelsäure gefüllt. Die Korke werden luftdicht eingedrückt, und das Rohr a bei e mit etwas Wachs, oder weicher Gutta-Percha luftdicht verschlossen. Der Apparat wird jetzt gewogen, auf einer Wage, die $\frac{1}{100}$ Gramm noch deutlich anzeigt; es ist am sichersten, wegen der Unrichtigkeit der gewöhnlichen Wagen, den Apparat nur zu tariren, und nach dem Versuch, durch Hinzufügung von Gewichten zum leichter gewordenen Apparat, seinen Gewichtsverlust zu bestimmen. Saugt man jetzt bei f, so wird die Luft in A und B verdünnt, und die erstere entweicht durch die Säure; saugt man nur schwach, so steigt die Säure darauf in dem längeren Schenkel des Glasrohrs c etwas in die Höhe; hält sich dieser Stand kurze Zeit, so schließt der Apparat luftdicht. Man saugt jetzt stärker bei f, worauf die Schwefelsäure nach A überfließen wird; die dadurch frei werdende Kohlensäure entweicht nun, mit Wasserdampf gesättigt, durch das Rohr c, tritt in die Schwefelsäure und wird hier getrocknet, ehe sie durch f entweicht. Sobald die Gasentwickelung nachgelassen hat, wird von Neuem bei f gesogen, bis sich aus A überhaupt keine Kohlensäure mehr entwickelt. Die Flüssigkeit in A hat aber noch viel Kohlensäure gelöst; um diese auszutreiben, läßt man durch stärkeres Ansaugen, eine größere Menge Schwefelsäure nach A übertreten, und taucht den Kolben A auf kurze Zeit ins Wasser; sobald sich aus A keine Kohlensäure mehr entwickelt, nimmt man den Wachspfropf bei e fort, und saugt jetzt bei f; nun wird Luft durch e in den Kolben A treten und hier, so wie später in B alles kohlensaure Gas verdrängen; dies ist nothwendig, weil sonst, — da die Kohlensäure schwerer als Luft ist, im Anfange aber der Apparat mit Luft gefüllt gewogen war, — man einen zu geringen Gewichtsverlust erhalten und daraus einen zu geringen Gehalt an kohlensaurem Kali u. s. w. berechnen würde. Ist nun durch den Apparat noch etwas Luft durchgesogen, nachdem man keine Kohlensäure mehr schmeckt, so läßt man ihn vollkommen erkalten, was durch Eintauchen von A in kaltes Wasser, befördert werden kann, worauf der Kolben abgetrocknet und der Apparat gewogen wird. Der Gewichtsverlust ist Kohlensäure, und aus den Aequivalentenzahlen: 22 Kohlensäure entspricht 69,1 kohlensaurem Kali, oder 53 kohlensaurem Natron, berechnet sich die Menge dieser Salze. Da 1 Gramm = 100 Centigramme Kohlensäure 3,142 kohlensaurem Kali entspricht, so giebt also der Gewichtsverlust in Centigrammen den Gehalt der Pottasche an kohlensaurem Kali in Gewichtsprozenten, wenn man 3,142 Gramm Pottasche zur Untersuchung nimmt; es ist nun besser $2 \times 3{,}142 = 6{,}29$ Gramm davon zu nehmen, und dividirt den Gewichtsverlust in Centigramme durch 2.

Bestimmung des Natrongehaltes in der Soda.

52) Bei Soda nimmt man 2,41 oder besser 4,82 Gramm; im letzteren Fall dividirt man wieder durch 2, um den Gehalt an trockenem kohlensaurem Natron zu erfahren.

Ist ätzendes Kali oder Natron da, so fällt die Bestimmung nach dieser Methode zu niedrig aus, weil ätzendes Kali oder Natron in dem zu untersuchenden Alkali enthalten sind, ohne an Kohlensäure gebunden zu sein, daher beim Zerlegen kein Gas entwickeln können und daher nicht angezeigt werden. Bei der Gay-Lussac'schen Probe ist dies nicht der Fall, weil hier das ätzende Kali gleich als kohlensaures Kali mit bestimmt wird.

Verwandlung des Aeznatrons in kohlensaures Natron.

53) Um dies zu verhüten, mischt man die abgewogene Menge des rohen Alkali mit 3 – 4 Theilen reinen kalkfreiem Quarzsand, und mit $\frac{1}{4} - \frac{1}{3}$ vom Gewicht der Pottasche, oder $\frac{1}{3} - \frac{1}{2}$ Gewicht der Soda, gepulvertem

kohlensaurem Ammoniak, setzt man so viel Wasser hinzu, als die Masse einsaugen kann und erhitzt, nachdem die Masse kurze Zeit gestanden hat, bis alles Wasser und darauf alles überschüssige Ammoniak ausgetrieben ist. Durch das kohlensaure Ammoniak ist das Aetzkali in kohlensaures Salz verwandelt und es ist Ammoniak entstanden, welches nebst dem überschüssigen kohlensauren Ammoniak entweicht. Die getrocknete Probe wird dann ohne neue Wägung in das Kölbchen A gebracht und wie gewöhnlich verfahren.

Bestimmung des Aetzkali. 54) Will man die Menge des Aetzkalis bestimmen, so wägt man 2 Proben des rohen Alkali ab, bestimmt in der einen unmittelbar die Kohlensäure; in der zweiten Probe erst, nachdem man sie mit kohlensaurem Ammoniak behandelt hat. Das Mehrgewicht der bei dem zweiten Versuche erhaltenen Kohlensäure entspricht dann natürlich dem als Hydrat vorhandenen Alkali; 1 Aequivalent Kohlensäure (22) entspricht 1 Aequivalent Kali (= 47,1); oder Kalihydrat (56,1); oder Natron (31); oder Natronhydrat (40). Will man nun aus der Pottasche aus dem gefundenen Mehrgewicht an Kohlensäure, Kali oder Kalihydrat berechnen, so multiplizirt man im ersten Fall diese Differenz mit $\frac{47,1}{22} = 2{,}141$; will man Kalihydrat: mit $\frac{56,1}{22} = 2{,}55$. Bei der Soda aber mit $\frac{31}{22} = 1{,}409$ um Natron, oder mit $\frac{40}{22} = 1{,}181$ um Natronhydrat zu berechnen.

Da die ätzenden Alkalien für die meisten Verwendungen, wie eine entsprechende Menge kohlensaures Kali wirken, so braucht man in der Regel nur eine Bestimmung des rohen Alkali, nach Behandlung mit kohlensaurem Ammoniak zu machen, wenn man nicht besonders den Gehalt an Aetzkali, der in der amerikanischen Pottasche und manchen Sodasalzen bedeutender ist, erkennen will.

55) Enthält das Alkali, was häufiger bei der Soda der Fall ist, seltener bei der Pottasche, Schwefelmetall, oder die Oxyde des Schwefels (an Natron gebunden), so setzt man der Probe eine Messerspitze von gelbem chromsaurem Kali zu, oder eine Lösung von rothem chromsaurem Kali, die zuerst mit etwas Ammoniak in schwachem Ueberschuß versetzt ist. Die genannten Verbindungen werden dadurch in schwefelsaure Salze verwandelt, indem sie der Chromsäure die Hälfte ihres Sauerstoffes entziehen.

Verwandlung der schwefelhaltenden Verbindungen in schwefelsäure.

56) Die angegebenen Methoden sind alle anzuwenden, sind jedoch für den praktischen Gebrauch zu weitschweifend, weil man im gewöhnlichen Leben mit einer Annäherung des Resultates zufrieden sein kann. Ich habe deswegen hier noch eine Methode angeführt, die wegen ihrer Einfachheit beachtungswerth ist, wenn schon etwas Genaues damit nicht erzielt wird; weil es aber nicht darauf ankömmt, ob man 2 — 3 oder 4 % mehr oder weniger hat, so ist sie doch vorzuziehen.

57) Man bestimmt erst den Feuchtigkeitsgehalt bei 100 Gran. Hat man dies gethan, so löst man die geglühte Pottasche in 800 Gran Wasser und 200 Gran Schwefelsäure auf; man hat dann ein Nettogewicht von 1100 Gran. Hat das Brausen aufgehört und die Pottasche sich alle gelöst in der Mischung, so wiegt man. Der Gewichtsverlust der verflüchtigten Kohlensäure giebt das reine Kali an. 22 Kohlensäure zeigen 69,1 kohlensaures Kali an. Bei Untersuchung von Asche verfährt

Einfache Verfahrungsweise zur Bestimmung des Alkaligehaltes.

— 40 —

Pottasche. man ebenso, mit dem Unterschiede, daß man statt 100 Gran 500 Gran Asche nimmt, dieselbe mit kochendem Wasser so lange aussüßt, bis rothes Lackmuspapier, in die abtropfende Flüssigkeit gehalten, nicht mehr blau wird. Das klare Filtrat, wird in einer vorher gewogenen Schaale eingedampft, bis zu 1000 Gran, und dann 200 konzentrirte Schwefelsäure hinzu gesetzt. Der Gewichtsverlust, der sich beim wiegen herausstellt ist der der Kohlensäure; nur muß man ihn, um die Prozente zu erfahren, mit 5 dividiren. Hat man daher 40 Kali aus 500 Gran Asche gefunden, so macht dies auf 100: 8 Gran.

Soda. 58) Ebenso verhält es sich mit der Soda. Den Alkaligehalt des Aetzkalis oder Natrons erfährt man durch Neutralisation desselben durch verdünnte Schwefelsäure, wenn man dazu 200 Schwefelsäure mit 800 Wasser verdünnt. 57 konzentrirte Schwefelsäure geben 54 reines Kali zu erkennen. Den Gehalt an kohlensaurem Kali erfährt man, wie oben gesagt. Mit einer kaustischen Kalilauge oder Natronlauge verfährt man wie mit dem Aetzkali.

Einige Beispiele nach dieser Methode.

Beispiele nach der letzten Methode.

1) Asche.

59) 500 Gran Asche kochte ich mit 500 Gran Wasser und filtrirte dann. Die Asche wurde mit heißem Wasser so lange ausgesüßt, wie rothes Lackmuspapier blau wurde. Da ich durch das Aussüßen mehr wie 1000 Gran Kalilauge hatte, so dampfte ich so lange ein, bis es nur 1000 Gran waren, und setzte dann 200 Gran Schwefelsäure hinzu, so daß ich 1200 Gran Mischung hatte. Als das Brausen aufgehört, fand sich, daß 20 Gran an 1200 fehlten, die natürlich in verflüchtigter Kohlensäure bestanden. 22 Kohlensäure geben 69,1

kohlensaures Kali zu erkennen, daher geben 20 Gran ungefähr 63. Auf 500 Gran habe ich 63 Kali, auf 100 also den 5. Theil, = $12\tfrac{3}{5}\tfrac{6}{}$ kohlensaures Kali.

Pottasche aus Kasan.

60) 100 Gran davon verloren 5 $\tfrac{6}{}$ Feuchtigkeit beim Glühen. Dann mischte ich 200 Gran konzentrirte Schwefelsäure und 800 Gran Wasser und schüttete die Pottasche nach und nach hinein. Als das Brausen aufgehört, und alles gelöst war, wurde gewogen; es fehlten 30 Gran an 1100 Gran Mischung. Da 22 = 69,1 sind, so sind 30 = 94 kohlensaures Kali. Ich fand also in dieser Pottasche: 5 Gran Feuchtigkeit, 94 kohlensaures Kali.

<small>2) Pottasche.</small>

Die Pottasche filtrirt und auf fremde Salze untersucht; mit Cyaneisenkalium: Es brachte eine blaue Färbung hervor, es ist also Eisen da. Salpetersaure Silberauflösung brachte eine, durch Salpetersäure nicht wieder verschwindende Trübung hervor, es ist demnach Chlor da. Ein Theil mit Schwefelsäure übersättigt, eingekocht, bis keine Dämpfe mehr kamen, im Wasser gelöst, ließ einen Rückstand; es ist also auch Kieselerde da gewesen. Schwefelsäure verrieth sich durch eine Trübung, welche Salzsäure und salzsaurer Baryt hervorbrachten.

Aetzkali.

61) 100 Gran Aetzkali wurden in heißem Wasser aufgelöst, und mit einer Mischung von 200 konzentrirter Schwefelsäure und 800 Wasser neutralisirt; d. h. es wurde so viel Schwefelsäuremischung hinzugethan, bis rothes Lackmuspapier nicht mehr blau wurde. Damit auch nicht zu viel Säure zugesetzt sei, probirte ich mit blauem Lackmuspapier, es färbte sich nicht; die Lösung war also neutral. Es waren 400 Gran Schwefelsäure-

<small>Bestimmung des Aetzkaligehaltes.</small>

mischung zur Neutralisation gebraucht. Die Schwefelsäure ist in der wässerigen Mischung (200 und 800) zum fünften Theile enthalten; bei 400 Gran würde es 80 Gran ausmachen. Da nun 49 Gran Schwefelsäure 47 Kali zu erkennen geben, so geben 80 = 76 Gran reines Kali. In 100 Theilen Aetzkali sind demnach 76 ⅌ reines Kali, 24 ⅌ Wasser und fremde Salze. Den Inhalt an kohlensaurem Kali erfuhr ich durch Nachwiegen der neutralisirten Mischung; es fehlten 5 Gran. Da 22 = 69,1 sind, so sind ungefähr 5 = 16.

Aetznatron wurde auf dieselbe Weise geprüft. Bei Natron zeigen jedoch 49 Schwefelsäure 31 Natron an, ebenso eine kaustische Kalilauge. Bei kohlensaurem Natron ist die Berechnung ebenfalls verschieden, indem hier 22 Kohlensäure 53 Natron zu erkennen geben.

62) Rückblick auf die Alkalimetrie.

1) Erkennen von kohlensaurem Kalk und Magnesia in einem Alkali.
2) Anweisung kaustisches Alkali in den rohen Alkalien zu erkennen.
3) Schwefelmetall und seine Verbindungen in den Alkalien zu entdecken.
4) a. Prüfung durch Kohlensäure den Alkaligehalt zu erkennen. b. Descroizilles durch Schwefelsäure. c. Gay-Lussac durch Probesäure.
5) Bereitung der Probesäure und die Untersuchung damit auf Pottasche.
6) Probesäure zur Soda benutzt.
7) Probesäure aus Weinsteinsäure.
8) Descroizilles Alkaliprobe.
9) Alkaliprobe nach Fresenius und Will.
10) Praktische Versuche.

III. Abschnitt.

Verschiedene Anmerkungen und Beifügungen.

63) Zu allen diesen Experimenten muß man destillirtes Wasser oder Regenwasser nehmen. Ersteres bekommt man in jeder Apotheke. Bei den Analysen setze man nie zu viel von einem Reagens hinzu, besonders von Säuren, indem die Reaktionen oft darunter leiden. *Anmerkungen und Beifügungen.*

Anmerkungen zum Wasser.

64) In der Kälte dehnt sich das Wasser aus und gefriert. In der Wärme leitet das Wasser die Wärme so lange, bis es sich in Dampf verwandelt. Ueberhitzte Wasserdämpfe lassen sich nur erlangen, indem die Wasserdämpfe durch stark erhitzte Röhren geleitet werden. Ueberhitzte Wasserdämpfe werden in neuerer Zeit zur Destillation der Fettsäuren benutzt. Wasser gefriert bei $0°$ und kocht bei $80°$ Reaumur. *Das Wasser.*

Pottasche.

65) Wird aus der Holzasche durch Auslaugen gewonnen. Die gewonnene rohe schwarze Masse wird dann kalzinirt. Die weiße, rothe oder blaue Farbe hängt von dem Gehalte an Eisen, Mangan, Kupfer ab. Die Kohlensäure, welche gern Luftform annimmt, ist eine treue Begleiterin der Pottasche, welche sie selbst in der stärksten Glühhitze nicht verliert. *Pottasche.*

Soda.

66) Die Soda wird bereitet durch Zersetzung von Kochsalz mit Schwefelsäure. Das dadurch erhaltene schwefelsaure Natron (Glaubersalz) wird nun in kohlen- *Bereitung der künstlichen Soda.*

saures Natron verwandelt. Man vermischt es zu diesem
Zweck auf folgende Weise: Auf 20 Theile wasserfreies
Glaubersalz nimmt man 20 Theile gepulverten kohlen=
sauren Kalk (Kreide) und 7 Theile Kohlenpulver. Diese
Mischung wird in einem Ofen so lange geglüht, bis die
Masse dickflüssig, teigartig geworden ist, worauf die
Masse als rohe Soda aus dem Ofen genommen wird.
Die chemische Zersetzung, welche hierbei stattfindet ist nun
folgende: Wenn auf Kochsalz Schwefelsäure gebracht
wird, erfolgt eine Zerlegung des Wassers mit der Schwe=
felsäure; der Sauerstoff desselben begiebt sich zu dem
Natrium des Salzes und bildet damit Natriumoxyd,
welches sich darauf mit der Schwefelsäure vereinigt.
Der Wasserstoff des Wassers vereinigt sich mit dem
Chlor des Salzes zu Chlorwasserstoffgas, welches ent=
weicht. Wird nun das schwefelsaure Natron mit Koh=
lenstaub und kohlensaurem Kalk geglüht, so entreißt die
Kohle der Schwefelsäure, des schwefelsauren Natron, ihren
Sauerstoff; es entsteht Kohlenoxyd, welches fortgeht
und Schwefel, welcher Letzterer sich mit dem ebenfalls
durch die Kohle von seinem Sauerstoff befreiten, und
dadurch in Calcium verwandelten Kalk, zu Schwefelkal=
cium vereinigt, während die Kohlensäure des Kalkes mit
dem Natriumoxyd kohlensaures Natron bildet. Rohe
Soda müßte demnach ein Gemenge von Schwefelcalcium
mit kohlensaurem Natron sein, wenn die Zersetzung im
Großen sich so vollkommen ausführen ließe. Da dies
aber nicht der Fall ist, so befinden sich in der rohen
Soda außerdem noch: unzersetztes Chlornatrium, schweflig
und schwefelsaures Natron, Kohle, Kalk und mancher=
lei Zwischenprodukte, welche, wie schon bemerkt, bei der
Alkaliprobe oft ein falsches Resultat geben, wenn man

die Mittel nicht gebraucht, diese Körper zu beseitigen, oder unschädlich zu machen.

67) Krystallisirte Soda erlangt man durch Ausziehen der rohen Soda mit Wasser, eindampfen und dadurch, daß man die erlangte konzentrirte Lösung krystallisiren läßt. In neuerer Zeit gebraucht man dieselbe zur Bereitung der Schmierseife, weil die kalzinirte Soda in der Regel zu viel Kochsalz enthält und daher eine Scheidung der Seife bewirkt. Allein kann sie jedoch nicht angewendet werden, gewöhnlich nimmt man ⅓ Soda und ⅔ Pottasche. *Bereitung der krystallisirten Soda.*

68) Kalzinirte Soda erhält man durch Umrühren der konzentrirten heißen Auflösung und Erhitzen des dadurch zu Boden fallenden Mehles. *Kalzinirte Soda.*

Reinigen der Soda und Pottasche.

69) Gereinigte Soda und Pottasche erhält man, indem man die Soda oder Pottasche in einem gleichen Gewicht (oder ¾ Theilen) reinem kaltem Wasser löst; hierbei löst sich hauptsächlich kohlensaures Natron und Natronhydrat, so wie kohlensaures Kali und Kalihydrat, während die schwer löslichen und unreinen Substanzen größtentheils ungelöst bleiben, der Rückstand der Pottasche enthält besonders schwefelsaures Kali, welches gereinigt und getrocknet zur Alaunfabrikation benutzt wird, wie es auch in der That jetzt von vielen Fabrikanten geschieht, welche die Pottasche von ihrem schwefelsauren Kali trennen und dasselbe an Alaunfabrikanten verkaufen, die es mit 4—5 Thlrn. per Zentner bezahlen. Das schwefelsaure Kali kann durch Glühen mit Kohlenpulver und kohlensaurem Kalk in kohlensaures Kali verwandelt werden, ganz so, wie schwefelsaures Natron in kohlensaures Natron verwandelt wird. *Reinigen der Soda und Pottasche.*

Gebrannter Kalk und Aetzendmachen der Laugen.

Kalk.

70) Der Kalk ist zu den Hauptmaterialien der Fabrikanten zu rechnen, denn nur durch ihn werden die Alkalien dazu bewogen, sich mit den Fettsäuren zu Seifen zu verbinden. Die Kohlensäure, welche chemisch mit dem Alkali verbunden ist, wird demselben durch ätzenden, d. h. kohlensäurefreien Kalk entzogen. Kalk ist eine schwächere Base als Kali, (welches bis jetzt die stärkste ist, welche man hat) und entzieht demselben doch die Kohlensäure. Es geschieht dies aber nicht etwa weil der Kalk eine größere Affinität zur Kohlensäure hat, sondern weil er damit eine unlösliche Verbindung eingeht (Kreide). Eine schwache Base entreißt nämlich den stärkeren größtentheils ihre Säure, wenn sie damit eine unlösliche Verbindung eingeht; ebenso verhält es sich mit einer Säure, welche eine stärkere Säure verdrängt, wenn sie mit der, der stärkeren Säure verbundenen Basis eine unlösliche Verbindung bildet. Die Menge des Kalkes, welche man zu einer bestimmten Menge Kali nehmen muß, hängt von dem Kohlensäuregehalt des letzteren ab.

Angabe der Kalkmenge, welche man zu 100 Kali nöthig hat.

71) Durch Rechnung ist gefunden worden, daß sich 28 Theile kohlensäurefreier Kalk mit 22 Theile Kohlensäure verbinden können. Da aber der gewöhnlich im Handel vorkommende Kalk selbst nicht kohlensäurefrei ist, so nimmt man immer zwischen 30 und 40 Theile auf 22 Kohlensäure. Man kann es durch Rechnung sehr leicht finden, wie es bei der Analyse des Kalkes und des Kali angegeben. Angenommen man hätte in 100 Gran Pottasche 30 Gran Kohlensäure gefunden und will die Kalkmenge wissen, die dazu nöthig ist, um das Kali ätzend zu machen, so sieht man erst zu, wie viel Kohlensäure und unlösliche Substanzen im Kalke sind. Zu 22 Kohlen-

säure braucht man 28 Kalk, so braucht man, wenn der Kalk rein ist, zu 30 Gran Kohlensäure: $30 \times 28 : 22 = 38\frac{2}{11}$ Gran. Um ihn daher auf seine Reinheit zu prüfen, wiege ich 28 Gran Kalk ab, löse denselben in Salzsäure auf und wiege nach wie viel daran fehlt, dann filtrire ich und sehe zu wie viel der unlösliche Rückstand getrocknet wiegt. Findet man 5 Gran Kohlensäure im Kalk, und 6 Gran unlösliche Substanzen (wie Thonerde ꝛc.) so setzt man 11 Gran Kalk mehr zu, man müßte also auf 22 — 39 Kalk nehmen; denn 28 Kalk haben schon 5 Kohlensäure aufgenommen, nehmen also 5 Gran weniger auf von 22, also 17, und 6 Gran sind darin enthalten, welche keine Kohlensäure aufnehmen; es würden also noch 6 Gran Säure in der Pottasche bleiben. Um daher die Pottasche ätzend zu machen, muß man statt 28 Gran 39 — 40 Gran Kalk nehmen. Die Kohlensäure ist in den Kalk getreten, wie man leicht sehen kann, wenn man eine Säure auf den weißen Kalksatz gießt. Aus dem Kalk ist kohlensaurer Kalk, aus dem kohlensauren Kali aber Kali geworden. Der kohlensaure Kalk ist unlöslich, er setzt sich daher als weißes Pulver ab; das Kali ist löslich, es vereinigt sich mit dem vorhandenen Wasser und bildet Aetzkalilauge.

Das Löschen des Kalkes.

72) Bekanntlich wird der Kalk, ehe er mit dem Kali vermischt wird, gelöscht. Er wird zu diesem Behuf langsam mit so viel Wasser gelöscht, daß er zu einem Pulver zerfällt, welches man Kalkhydrat nennt, und welches gewöhnlich 25 ⅔ Wasser in fester Gestalt enthält. Nimmt man mehr Wasser, so bekömmt man einen Brei und bei nochmaligem Wasserzusetzen, erhält man eine milchweiße Flüssigkeit (Kalkmilch). Chemisch erlangt man Kalkwasser,

Das Löschen des Kalkes.

wenn 1 Theil Kalk mit 500 Theilen Wasser verdünnt wird.

<small>Benutzung des Kalkes zur Bereitung der Laugen.</small>

73) Man thut gut, wenn man die Soda oder Pottasche mit dem Kalk, nachdem dieser gelöscht, etwas kocht; das Kali löst sich dadurch besser auf und der Kalk absorbirt die Kohlensäure besser durch die Hitze. Jedoch muß man das Kali mit seiner 10 — 12fachen Menge Wasser vermischen, wenn ihm der Kalk die Kohlensäure vollständig entziehen soll; denn es ist Thatsache, daß der Kalk konzentrirter Kalilösungen keine Kohlensäure entzieht, vielmehr entzieht umgekehrt eine konzentrirte Kalilösung dem kohlensauren Kalk die Kohlensäure. Man kann sich davon überzeugen, wenn man gepulverten kohlensauren Kalk (Kreide) einige Zeit mit kohlensäurefreiem Kali einkocht, filtrirt und zu dem klaren Filtrat einige Tropfen Salzsäure gießt. Das dadurch entstehende heftige Brausen rührt von entweichender Kohlensäure her. Das Wasser ist die prädisponirende Kraft, welche den Kalk antreibt dem Kali die Kohlensäure zu entziehen, es muß jedoch wenigstens zu 10 Theilen da sein auf 1 Kali. Zum Aetzendmachen der Alkalien gehört also auf 22 Kohlensäure 30 — 40 Kalk und 10 Theile Wasser auf 1 Kali.

<small>Aeußere Eigenschaften des Kalkes.</small>

74) Im gebrannten Zustande sei der Kalk so viel wie möglich von weißer Farbe. Gut gebrannter Kalk muß nach dem Löschen zu einem gleichmäßigen Brei übergehen; thut er dies nicht und hinterläßt er ungelöschte Körner so ist er schlecht gebrannt, oder er enthält viel kohlensaure Bittererde, wodurch er todtgebrannt ist, sich daher schlecht löscht. Der gutgebrannte weiße Kalk heißt auch fetter Kalk; der 10 $\frac{}{}$ und noch mehr kohlensaure Bittererde haltende, heißt magerer Kalk. Fetter Kalk löscht sich sehr schnell und entwickelt dabei eine

Hitze von 150°, sein Volumen steigt dabei um das 3 bis 3½fache und hält das Wasser bei 250 — 300° noch zurück.

Prüfung der Laugen auf ihre Aetzbarkeit.

75) Um zu ermitteln, daß eine Lauge ätzend ist, d. h. keine Kohlensäure mehr besitzt, und ebenso nicht zu viel Kalk hat, verfährt man folgendermaßen: Ob die Lauge zu viel Kalk hat, erfährt man, wenn man in ein Weinglas voll Lauge mildes Kali, oder in weichem Wasser aufgelöste reine Pottasche bringt. Bleibt sie klar, so steht sie nicht zu hoch im Kalk, wird sie dagegen trübe, so steht sie zu hoch im Kalk, d. h. sie enthält noch freien Kalk. *Prüfung der Laugen. Ist die Lauge zu hoch im Kalk?*

76) Ist sie klar geblieben, so untersucht man, ob sie nicht zu niedrig im Kalk steht; man gießt zu einem Fingerhut voll Schwefelsäure ein Weinglas voll Lauge, erfolgt kein Aufbrausen, so ist genügend Kalk da, erfolgt jedoch ein Aufbrausen, so ist noch Kohlensäure da und man muß noch Kalk zusetzen. Man kann letztere Probe auch noch auf die Weise machen, daß man zu einer Laugenprobe etwas klares Kalkwasser gießt; bleibt die Lauge darnach klar, so ist keine Kohlensäure da, wird sie dagegen trübe, so ist Kohlensäure da. Dies Trübewerden entsteht durch die Bildung von kohlensaurem Kalk. Die Untersuchung der Laugen auf ihre fremden Bestandtheile ist dieselbe, wie bei den Alkalien; wenn die Alkalien jedoch vorher untersucht sind, kennt man die fremden Bestandtheile schon. *Ist sie zu niedrig im Kalk?*

77) Es ist gut wenn die Laugen etwas Kohlensäure enthalten, weil die Ausbeute dadurch größer wird für den Fabrikanten. Es ist jedoch gut, solche kohlensäure- *Benutzung von kohlensäurehaltender Lauge.*

haltende Lauge erst in der Mitte des Siedens anzuwenden und im Anfange, wo die Verbindung eintritt und die Seife sehr dampft, nur kaustische Laugen anzuwenden; weil dadurch, besonders wenn die Alkalien unrein waren, ein Mißlingen der Seife entstehen kann.

Unterscheidung von Kali und Natronlaugen.

78) Wie unterscheidet man kaustische Natronlaugen und kaustisches Natron von den entsprechenden Kaliverbindungen?

Natronlauge mit Weinsteinsäure in überwiegender Menge vermischt, bleibt klar; Kalilauge giebt einen reichlichen weißen Niederschlag. Auch kann man Platinsolution als Reagens benutzen. Trockenes Natron von trockenem Kali zu unterscheiden, kann man dadurch erfahren, wenn man beobachtet, welche Probe feucht wird oder nicht; denn trockenes Natron zieht zwar auch Kohlensäure aus der Luft an, wird aber nicht feucht wie trockenes Kali.

Prüfung der Alkalilaugen.

Bestimmung des Alkaligehaltes der Laugen.

79) Zur Prüfung des Alkaligehaltes dient gewöhnlich die sogenannte Laugenwage von Beaumé, wodurch das specifische Gewicht gegen Wasser, das letztere als 1 angenommen, angegeben wird. Das Wasser wird um so viel schwerer als es Kali aufgenommen; dies erfährt man daran, indem man die Grade, bis zu welchen die Laugenwage eingesunken, abliest. Man kann die Stärke der Lauge auch dadurch erfahren, daß man, wie es in der Alkalimetrie angegeben, dieselbe mit einer Probesäure, welche aus Schwefelsäure bereitet ist, neutralisirt. Das Alkalimeter, welches man dazu benutzt, giebt die Menge der zur Neutralisation verbrauchten Säure an. 1 Grad Probesäure ist = 1 Kali. Die Probesäure wird aus

1 Theil Schwefelsäure (von 1,66 nach Beaumé) und 9 Theilen Wasser bereitet.

80) Der Kalk dient auch noch zur Darstellung der Stearin-Lichte, indem das Fett damit verseift wird, und durch Schwefelsäure wieder abgeschieden, welches in Verbindung mit Glycerine als schwefelsaurer Kalk geschieht. *Benutzung des Kalkes zur Bereitung von Stearinlichten.*

In neuerer Zeit werden auch kaustische Laugen fabrikmäßig bereitet. Man hat sich dabei vor einem Betrug durch Salzzusatz zu hüten; man findet ihn durch Zusatz von salpetersaurer Silberauflösung und Salpetersäure. Die dadurch entstehende Trübung zeigt Chlornatrium an. Will man wissen, wie viel davon darin ist, so verfährt man damit wie es angegeben ist. 1794,26 Chlorsilber = 932,57 Chlornatrium.

81) Eine andere Anwendung des kohlensauren Kalkes ist, daß man ihn unter dem Namen „Kompositionskörner" in der Seiffabrikation benutzt. Als Schlemmkreide wird er durch ein Bindemittel zu hirseähnlichen Körnern geformt, welche unter der Benennung „Kalkkorn" (Kompositionskörner) der grünen und Elaïnseife beigemengt werden, um auf eine wohlfeile Weise ein Korn darin hervorzubringen, welches bei einem stearinreichen Fett, auch ohnedem entsteht. *Kompositionskörner.*

Vom Salz.

82) Das Salz besteht aus den Elementen Chlor und Natrium, von denen das Erstere ein Metalloid (Nichtmetall), das Letztere ein Metall ist. Das Salz kömmt fertig gebildet, in großen Lagern im Innern der Erde vor, ferner wird es künstlich dargestellt wie folgt. Viele Quellen kommen im Innern der Erde mit Salz- *Vom Salz.*

lagern in Berührung, nehmen daher viel Salztheile in sich auf. Die Menge des Salzes, welches in den Salzsoolen enthalten ist, hängt von der Größe der Salzlager ab, welche das Wasser berührt. Manche Salzsoolen enthalten 25 % Chlornatrium. Zuweilen kömmt es vor, daß die Soole sehr schwach ist, dann wird sie gradirt. Die Luft zieht hier mit Hülfe der Wärme viel Wasser an sich, wodurch natürlich die Salzsoole konzentrirter wird.

Nutzen des des Salzes.

83) Der Zweck des Salzes beim Seiffabrikanten ist der, daß er durch Zusatz von Salz, die Scheidung der Seife von der Lauge bewirkt, indem Seife sich mit salzhaltigem Wasser nicht verbindet, so wie sie sich auch darin nicht auflöst. Salz löst sich in kaltem Wasser so reichlich wie in warmem; 100 Theile Wasser lösen fast 37 Theile Kochsalz, enthalten daher 27 % Salz, welche Lösung man 27 grädig nennt. Das Salz enthält Wasser mechanisch zwischen den einzelnen Krystallen gebunden; in 100 Theilen gutem Kochsalz sind 1 — 2 Theile Wasser. Wird solches Salz erhitzt, so verwandelt sich das eingeschlossene Wasser in Dampf, der, wenn er eine gewisse Spannung erlangt hat, die Krystalle mit Gewalt sprengt; das Salz „verknistert." —

Chemischer Prozeß des Salzes bei seiner Anwendung zu Seifen.

84) Daß aus Kochsalz, durch Zersetzung mit Schwefelsäure, Soda bereitet wird, ist schon erwähnt. Durch Zusatz von Salz zu Kaliseifen, werden dieselben in Natronseifen verwandelt. Die chemische Zersetzung, welche dabei stattfindet, ist folgende: Das Natrium des Salzes nimmt den Sauerstoff des Kalis auf und wird zu Natriumoxyd, welches sich darauf mit den Fettsäuren zu Natronseife verbindet, während das aus dem Kali entstandene Kalium, mit dem Chlor des Salzes Chlorkalium bildet, welches in die Unterlauge geht. Außerdem entzieht das Salz einer frischgesottenen Seife Wasser

und macht sie dadurch härter; es hat nämlich das Bestreben sich aufzulösen, und entzieht zu diesem Behuf der Seife Wasser, bleibt ihr indeß mechanisch als Salzlauge beigemengt, so daß, wenn die Seife längere Zeit in trockener Luft liegt, das Wasser sich zum Theil verflüchtigt, und ein Beschlagen von Salz auf der Oberfläche erfolgt. Die Güte des Salzes läßt sich dadurch beurtheilen, daß es beim Auflösen keinen Rückstand hinterlassen darf.

85) Das sogenannte schwarze Salz, welches die Seiffabrikanten an vielen Orten gebrauchen, ist ein Gemenge von Kochsalz, mit Asche, Besenreis und allerlei Unreinigkeiten; solches Salz muß erst gesiebt werden, ehe es gebraucht werden kann. *Schwarzes Salz.*

Bestandtheile von Kochsalz aus Schönebeck.

Chlornatrium.	Chlorkalium oder schwefelsaures Kali.	Schwefelsaurer Kalk.
95,40	0,41	9,73

Chlormagnesium.	Schwefelsaure Bittererde.	Wasser.
0,08	0,47	2,90

IV. Abschnitt.

Prüfung von organischen Substanzen.

Organische Analyse.

86) Die Gründe, die den Fabrikanten veranlassen, die Fette und Oele zu untersuchen, sind mancherlei. Erstens: Die Fette in einem und demselben Lande enthalten nicht dasselbe Verhältniß von Fettsäuren, da diese durch die Race und verschiedene Ernährungsart der Thiere bedingt ist. Da es dem Fabrikanten darum zu thun ist, daß er für seine verschiedenen Zwecke ein passendes und dem Preise angemessenes Fett erhält, so muß er das Verhältniß der Fettsäuren kennen, in welchem sie darin enthalten sind. Ein Fett, welches viel Stearinsäure enthält, ist natürlich mehr werth als ein solches, welches mehr Elaïn-, Oleïn- oder Margarinsäure enthält. Es versteht sich hiernach von selbst, daß die Fette der verschiedenen Länder ebenfalls verschiedene Fettsäurenverhältnisse zeigen. Ein zweiter Grund, die einzukaufenden Talgarten zu prüfen, ist der, daß sie sehr häufig verfälscht im Handel vorkommen. Besonders ist dies bei den festen Fettarten der Fall, welche oft mit Satzmehl, Kreide, Sand, pulverisirtem weißem Marmor, mit häutigen Substanzen, mit Zellgewebe, mit Griefen u. s. w. vermischt in den Handel kommen. Auch ist es vorgekommen, daß das Talg mit Oleïnsäure und Kesselfett vermischt war, welche wohlfeiler als reiner Talg sind.

Da die Chemie erst seit einem Jahrhundert angefangen hat eine wirkliche Wissenschaft zu werden, der organische Theil derselben aber jedenfalls der schwierigere ist, wegen der ungeheuern Zahl der lebenden Pflanzen und Thiere und der schwierigen Zerlegung in seine näheren und entfernteren Bestandtheile, so hat sich dieses besonders in seiner technischen Anwendung fühlbar gemacht, besonders ist dies bei den Fetten und Oelen der Fall. Erst in neuerer Zeit hat der Professor Chevreul dieselben genauer untersucht, und lieferte diese Untersuchung, wenn auch keine bestimmte, doch eine annähernde Kenntniß derselben, hinsichtlich der technischen Anwendung der Fette und fetten Oele, wie es weiter unten erklärt werden wird. Ich setze voraus, daß sich der Fabrikant durch seine Praxis eine schon ziemliche Kenntniß über die oberflächlichen und auf dem äußeren Ansehen der Fette beruhenden Eigenschaften, erworben hat. Ich werde daher nur auf das Außergewöhnliche Rücksicht nehmen, wenn Grund da ist, die Fette für verfälscht zu halten.

87) Hat man ein verdächtiges Fett zu untersuchen, so wiegt man einen Theil davon ab und schmilzt ihn im Wasserbade. Man nimmt nun 100 Theile, wie es überhaupt gut ist immer nach Prozenten zu rechnen. Das Wasserbad besteht darin, daß man das Gefäß, worin das Fett geschmolzen werden soll, auf eine kupferne Schale setzt, welche zur Hälfte mit Wasser gefüllt ist, und worauf das mit dem Fett gefüllte Gefäß genau passen muß. Man bringt nun eine Spirituslampe unter das kupferne Gefäß und erhitzt. Dadurch verwandelt sich das Wasser zum Theil in Dämpfe, welche, weil das Fettgefäß fest schließt, nicht entweichen können, und das Fett zum Schmelzen bringen. Zugleich erzielt man damit, daß das Fett nicht anbrennt, weil es nur die Siedehitze des Wassers 80° R. annehmen kann. Ist das Fett geschmolzen, so erhält man es eine Zeit lang in diesem Zustande, bis alle fremden Substanzen, wie

Untersuchung von Fett auf seine Reinheit.

Sand, Kreide, Marmor ꝛc., die darin sein könnten, zu Boden gesunken sind. Das reine Fett, welches nun oben schwimmt, wird abgegossen, und die Rückstände mit Wasser, welches bis zu 50 oder 60° Celsius (= 40 oder 48 Réaumur) erwärmt worden ist, ausgewaschen; man gießt dann das Wasser und das dadurch von dem Rückstande noch getrennte Fett ab, wiederholt dies so oft, bis kein Fett mehr an dem Rückstande haftet und trocknet letzteren in mäßiger Wärme aus. Man sieht dann schon, ob der Rückstand aus Sand, Kreide ꝛc. bestanden. Wiegt man denselben, so erfährt man den Grad der Verfälschung.

Untersuchung auf Kartoffelstärke.

88) Will man den Rückstand noch näher untersuchen, so verfährt man damit, wie es bei der Analyse angegeben ist, und wie es weiterhin noch näher erklärt wird. Kartoffelstärke findet man, wenn man zu der wässerigen Auflösung einige Tropfen Jodtinktur setzt; die dadurch entstehende tiefblaue Färbung zeigt Stärke an.

Untersuchung auf Quarzpulver und Membranen.

89) Quarzpulver findet man, wenn man sieht, daß der Rückstand in Säuren Unauflösliches zurückläßt. Dasselbe ist von großer Härte und fällt leicht in der Flüssigkeit nieder.

Membranen ꝛc. findet man, wenn der auf angegebene Weise geschmolzene Talg durch ein erwärmtes Filtrum oder Seihtuch filtrirt wird, wo dann alle Unreinigkeiten zurückbleiben. Der Rückstand getrocknet und gewogen, giebt die Menge der Membranen.

Prüfung des Talges auf seinen Gehalt an Fettsäuren.

90) Sobald man den Talg als rein befunden, so prüft man ihn auf den Gehalt an Fettsäuren, ob keine Oleïnsäure oder andere billige Fette damit vermischt sind, besonders beobachtenswerth ist dies in Stearinfabriken. Zu diesem Zweck wird er mit Kali verseift; es verwandelt sich dadurch das Stearin, Margarin und Oleïn,

in stearin-, margarin- und oleïnsaures Kali. Die Verseifung muß jedoch so geschehen, daß keine Fettsäure unverseift bleibt. Ist die Verseifung vollständig eingetreten, so läßt man die Masse abtropfen und austrocknen. Dann nimmt man einen Theil Seife, löst ihn in warmen Wasser auf; ist die Lösung vollständig, verdünnt man sie mit 40 — 50 Theilen kalten Wassers, und bringt alles an einen Ort, dessen Temperatur höchstens 10° C. beträgt (= 8° Réaumur). Die perlmutterartige Substanz, welche zu Boden fällt, die aus margarin- und stearinsaurem Kali besteht und bei dieser Temperatur nicht löslich ist, sammelt man und wäscht sie auf einem Filter mit lauwarmem Wasser.

Die durchfiltrirte Flüssigkeit wird eingedampft und mit so viel Schwefelsäure vermischt, als zur Sättigung des Kali nöthig ist, welches durch die Bildung von doppeltstearinsaurem und doppeltmargarinsaurem Kali frei geworden ist. Dann setzt man von neuem kaltes Wasser zu, wodurch wieder stearin- und margarinsaures Kali niederfällt. Man fährt mit diesen Manipulationen so lange fort, bis kein stearin- und margarinsaures Kali zu Boden fällt, beobachtet aber alle mögliche Genauigkeit dabei. Das erhaltene Salz wird gewogen und aus dem Gewicht auf die Stearin- oder Margarinsäure geschlossen, welche der Talg enthält.

Findet man z. B. bei 1 Kilogramm = 2 Pfund Talg, 482 Gramm stearin- und margarinsaures Salz, so sagt man:

In doppeltstearinsaurem Kali sind in
    100 Theile enthalten 90,53
In doppeltmargacinsaurem Salze derselben
    Base in 100 90,40
        Im Durchschnitt also: 90,465.

Da in 100 Theilen 90,465 enthalten sind, so sind in 482 enthalten: 482 × 90,465 : 100 = 435. In 1 Kilogramm oder 2 Pfund Talg hat man also 435 Gramm = 27,84 Loth Stearin- und Margarinsäure und 1 Pfund 4,16 Loth Oleïnsäure und Glycerinbasis.

Fettsäurenbestimmung von Gusserow.

Fettsäurenbestimmung von Gusserow.

91) Man verseift ebenfalls mit Kali, sättigt die Seife mit Salzsäure oder besser mit Weinsteinsäure. Letztere Säuren bilden mit dem Kali ein lösliches Salz, die fetten Säuren scheiden sich ab und schwimmen an die Oberfläche, wo sie abgegossen werden; alsdann beseitigt man durch gelindes Wärmen so viel wie möglich das anhängende Wasser. Ist die Feuchtigkeit vertrieben, so mischt man diese Säuren kalt mit ihrem sechsfachen Gewicht Alkohol von 0,833 specifischer Schwere, bei 15 — 18° Celsius. Die Masse wird von Zeit zu Zeit umgerührt und nach Verlauf von 3 Tagen trennt man den nicht aufgelösten Rückstand. Die Auflösung enthält fast einzig und allein Oleïnsäure, und den nicht aufgelösten Theil von Stearin- und Margarinsäure, welchen man trocknet und wägt.

Das Verfahren von Gusserow ist zwar auch noch langwierig, erheischt aber nicht so viel Bearbeitungen als das vorhergehende, und verdient daher den Vorzug. Es geht ihm zwar etwas Genauigkeit ab, doch ist es für den Handel zweckdienlich. Die geringere Genauigkeit hat ihren Grund darin, daß bei dem Auflösen in Alkohol zwar der größte Theil der festen Säuren sich abscheidet, jedoch noch ein kleiner Theil mit der Oleïnsäure gelöst bleibt. Man erhält daher nicht alle feste Säuren, die in dem Fett sind.

92) Die Fettsäuren lassen sich auch dadurch bestimmen, daß man das Fett in Alkohol von 0,833 auflöst und bis auf 60° C. erwärmt. Beim Erkalten krystallisiren die festen Säuren, welche man abfiltrirt. Die abfiltrirte klare, Oleïn= und noch etwas Stearin= und Margarinsäure enthaltende Flüssigkeit wird nochmals so behandelt, und wenn noch feste Säuren darin bleiben, so oft wiederholt, bis dieselben alle auf dem Filtrum sind. Ganz rein von festen Säuren bleibt jedoch die Oleïne nicht; man kann dies Verfahren daher nur benutzen, wenn es keiner großen Genauigkeit bedarf.

Fettsäurenbestimmung durch Krystallisation.

93) Das beste Verfahren, die Menge der festen Säuren kennen zu lernen, ist von Chevreul vorgeschlagen, es besteht nämlich darin, daß man den Schmelzpunkt von verschiedenen Mischungen dieser Säuren kennt und nach dieser Angabe das Fett untersucht.

Fettsäurenbestimmung von Chevreul durch Ermittelung des Schmelzgrades.

Die Oleïnsäure kann sich in jedem Verhältniß mit der Stearin= und Margarinsäure verbinden. Da aber die Oleïnsäure bei einer weit niedrigeren Temperatur flüssig wird, als die beiden andern Säuren, so erhält man bei kleineren oder größeren Mischungen von Stearinsäure und Margarinsäure mit Oleïnsäure einen kleineren oder größeren Standpunkt des Thermometers, welcher die Temperatur angiebt, die dazu nöthig ist, die Mischung zu schmelzen; d. h. eine Mischung von 70 Oleïnsäure mit 30 Stearin= oder Margarinsäure schmilzt bei einer geringeren Temperatur als eine Mischung von 70 Stearin= und 30 Oleïnsäure. Chevreul hat nun die durch Erfahrung gemachten Angaben zusammengestellt, wodurch man die Menge der Stearin= oder Margarinsäure erfährt, welche in einer Mischung enthalten ist, indem man das erlangte Resultat an der Thermometer=

skala mit den in folgender Tabelle gemachten Angaben vergleicht.

Ölseinfäure	Starre Säure	Trübt sich bei	Erharrt bei	Ölseinfäure	Starre Säure	Schmelzpunkt	Ölseinfäure	Starre Säure	Schmelzpunkt	Ölseinfäure	Starre Säure	Schmelzpunkt
99	1	+ 2°	0°	74	26	35°,5	49	51	44°,3	24	76	49°,5
98	2	7°	+ 2°	73	27	36°	48	52	44°,5	23	77	49°,8
97	3	7°	3°	72	28	36°,5	47	53	45°	22	78	50°
96	4	7°,5	5°	71	29	37°	46	54	45°	21	79	50°
95	5	9°,5	7°	70	30	37°,5	45	55	45°,7	20	80	50°,2
94	6	11°	8°	69	31	38°	44	56	46°	19	81	50°,3
93	7	15°	9°	68	32	38°,5	43	57	46°,3	18	82	50°,7
92	8	15°	10°	67	33	38°,7	42	58	46°,5	17	83	51°
91	9	16°	14°	66	34	39°	41	59	46°,5	16	84	51°,5
90	10	21°	17°	65	35	39°,5	40	60	46°,7	15	85	51°,8
89	11	25°	18°	64	36	39°,7	39	61	47°	14	86	52°
88	12	26°	21	63	37	40°	38	62	47°,7	13	87	52°
87	13	26°	24°	62	38	40°	37	63	47°,7	12	88	52°,5
86	14	27°	25°,5	61	39	41°	36	64	47°,8	11	89	52°,5
85	15	28°	26°,5	60	40	41°	35	65	48°	10	90	53°
84	16	30°	27°,5	59	41	41°,7	34	66	48°	9	91	53°
83	17	30°	28°,5	58	42	42°	33	67	48°	8	92	53°,2
82	18	32°	29°,5	57	43	42°	32	68	48°,2	7	93	54°
81	19	32°	30°,5	56	44	42°	31	69	48°,3	6	94	54°
80	20	32°,5	31°,5	55	45	42°,2	30	70	48°	5	95	54°
79	21	35°	32°	54	46	43°	29	71	48°,5	4	96	54°,2
78	22	35°	33°	53	47	43°,5	28	72	48°,5	3	97	54°,7
77	23	36°	34°	52	48	43°,7	27	73	48°,7	2	98	55°
76	24	36°	34°,5	51	49	44°	26	74	49°,2	1	99	55°
75	25	36°,5	35°,5	50	50	44°	25	75	49°,5			

Mit Hülfe dieser Tabelle, nebst einem guten Thermometer, kann man leicht ein Fett prüfen.

Um sich die Fettsäuren rein darzustellen, verfährt man wie schon gesagt; man verseift mit Kali, zersetzt durch Säure, und gießt die oben schwimmenden Flüssigkeiten ab. Man läßt diese Fettsäuren erst gehörig kalt werden, schmilzt dann wieder, merkt sich den Thermometergrad, bei welchem die Schmelzung der Fettsäuren vollständig war, und sieht auf der Tabelle zu, wie viel Säuren die erhaltenen Thermometergrade anzeigen.

Ist die Schmelzung bei 50 Grad vollständig gewesen, und hat man von 1000 mit Kalk verseiftem Fett 965 Säuren erhalten, so sieht man zu wie viel Fettsäuren von 50 auf der Tabelle angezeigt werden. Laut der Tabelle sind bei 50 Grad Schmelzpunkt 78 ⅔ starre Säure und 22 ⅔ Oleïnsäure in der Mischung; auf 1 Kilogramm also 752,7, oder auf 2 Pfund Zollgewicht: 1½ Pfund feste Säuren.

Die fetten Säuren gehen, indem sie frei werden, in den Hydratzustand über und nehmen 4—5 ⅔ Wasser auf. Würde man zu 965 Fettsäuren 80 Glycerine rechnen, so bekäme man nicht 1000, sondern 1045. Bedenkt man aber, daß die Säuren bei 965 Gramm im Hydratzustand sind, und daß die wasserfreien Säuren nur ungefähr zu 918 Gramm darin enthalten sind, so klärt sich dies auf. Die fetten Säuren werden im Hydratzustande auch von den Fabrikanten verarbeitet.

Die Versuche Chevreuls, nach welchen er obige Tabelle entworfen hat, geschahen mit einem Fett in welchem hauptsächlich Margarinsäure war. Da nun die Margarinsäure bei 60°, die Stearinsäure bei 70° schmilzt, so sollte man glauben, daß die Angaben dadurch ungenau werden. Dieß ist jedoch nicht so, denn die Margarinsäure und Stearinsäure sind in variablen Verhältnissen in den Fettkörpern, mit denen man es bei der Stearinkerzenfabrikation zu thun hat, die zwar nicht sehr verschieden sind, sich jedoch nach der Verseifung gleich erhalten; hierzu kommt noch eine Beobachtung von J. Gottlieb, welche allen Zweifel aufhebt. J. Gottlieb fand nämlich, daß die Stearin- und Margarinsäure in

Bestimmung des Schmelzpunktes verschiedener Mischungen von J. Gottlieb

gewissen Mischungen häufig unter dem Punkte schmilzt, wo die schmelzbarste Säure, die Margarinsäure, schmilzt, nämlich unter 60° Celsius. Nach seinen Beobachtungen schmilzt eine Mischung:

von 30 Theilen Stearinsäure und 10 Theilen Margarinsäure bei 65°,5 Celsius,

also: von 30 Theil. Stearinf. u. 10 Theil. Margarinf. bei 65°,5 C.

: 25	:	:	: 10	:	:	: 65
: 20	:	:	: 10	:	:	: 64
: 15	:	:	: 10	:	:	: 61
: 10	:	:	: 10	:	:	: 58
: 10	:	:	: 15	:	:	: 57
: 10	:	:	: 20	:	:	: 56°,5
: 10	:	:	: 25	:	:	: 56
: 10	:	:	: 30	:	:	: 56

Hieran sieht man, daß die Mischungen dieser Säuren in den angegebenen Verhältnissen, in den der Prüfung unterlegenen Proben, den Schmelzpunkt einer Mischung dieser festen Säuren mit Oleïnsäure, nicht so auffallend zu verändern im Stande sind, um Verbesserungen zu erheischen. Die einfachste Art die festen Fettsäuren aus einer Probe zu gewinnen ist, daß man damit eben so verfährt, als wollte man Säuren zur Stearinfabrikation gewinnen, d. h. man verseift, pulverisirt, zersetzt die Kalkseife, wäscht die Säuren aus und preßt Oleïnsäure von den festen Säuren ab. Natürlich muß man bei dieser Art und Weise eine größere Genauigkeit in den Wägungen und in den Operationen anwenden.

Bei diesem Verfahren erhält man schnelle Resultate über den Ankaufswerth der Waare, so wie man auch erfährt, ohne vorhergehende Untersuchungen, ob Talg verfälscht ist, oder nicht.

94) Das Palmöl wird oft so verfälscht, daß man es gleich bei dem Anblick desselben findet. *Verfälschung des Palmöls zu entdecken.*

Das künstliche Palmöl, wie es oft vorkömmt, und welches aus gelbem Wachs, gewöhnlichem Oel und Schweinefett besteht, erkennt man daran, daß man 2 Proben: eine Probe gutes Palmöl, die andere von dem zu untersuchenden, an die Luft stellt. Das Ranzigwerden bewirkt bei dem ächten Palmöl eine weiße Farbe, während das künstliche Palmöl gelb bleibt. Wird Palmöl mit Fettkörpern geringerer Qualität verfälscht, so ist der Betrug schwieriger zu entdecken. Man löst dann in Essigäther auf, welcher das Palmöl, wenn auch langsam, auflöst. Die Menge des nicht aufgelösten Rückstandes würde die Menge des zugesetzten Fettkörpers angeben.

95) Schwieriger noch als die Fette sind die fetten Oele zu untersuchen, welche häufig gemischt in den Handel kommen, so daß man oft 3 — 4 Arten Oele in einem kauft: als Thran, Rüböl, Leinöl, Dotteröl ꝛc. Die verschiedenen Prüfungsmethoden sind im Ganzen wenig befriedigend. Ein Unterschied der verschiedenen Oele zeigt sich in dem Verhalten der trocknenden und nicht trocknenden Oele gegen salpetrige Säure, oder einer in Salpetersäure gemachten Auflösung von Quecksilber. Die nichttrocknenden Oele erhärten bei diesem Verfahren, wenn auch nicht alle gleich, und zeigen verschiedne Farben. *Untersuchung der fetten Oele.*

Durch Zusatz von salpetersaurer Quecksilberauflösung wird reines Olivenöl in 73 Minuten hart und erhält eine bläulichgrüne Farbe.

	Erhärtung	Farbe
Reines Olivenöl erhärtet in	73 Min.	bläulichgrün,
Oel von süßen Mandeln =	160 =	schmutzig weiß,
Oel von bittern Mandeln =	160 =	dunkelgrün,
Haselnußöl =	103 =	bläulichgrün,
Rüböl =	2400 =	braungelb.

Heidenreich und Penot empfehlen zur Unterscheidung der Oele das specifische Gewicht, welches jedoch bei alten Oelen immer etwas höher ist, als bei frischen, es schwankt bei einer Temperatur von + 15° C. zwischen 0,9003 bei Talgöl, und 0,9611 bei Ricinusöl.

Ferner kann man die Oele an dem verschiedenen Geruch unterscheiden, welcher besonders stark hervortritt, wenn man einige Tropfen Oel in einer Abdampfschale über einer Weingeistlampe schwach erwärmt.

Ferner unterscheidet man die Oele nach ihrem Verhalten gegen konzentrirte Schwefelsäure, oder gegen eine kalt gesättigte Lösung von rothem chromsaurem Kali in Schwefelsäure zur Unterscheidung. Man legt zu diesem Zweck eine farblose Glasplatte auf weißes Papier, bringt erst auf die Platte 10—20 Tropfen Oel und darauf 1 Tropfen konzentrirter Schwefelsäure; es wird sich bald eine charakteristische Färbung zeigen, welche verschieden ist, je nachdem man das Gemenge umrührt, oder nicht. Penot gießt auf zwanzig Tropfen fettes Oel in einer weißen Porzellanschale 1 Tropfen Lösung von chromsaurem Kali in Schwefelsäure:

	Mit Schwefelsäure		Mit chromsaurem Kali und Schwefelsäure
	ohne zu rühren	nach dem Umrühren	
Rüböl	grünlich blau	grünlich blau	gelbe Klümpchen auf grünem Grunde.
Olivenöl	blaß gelb	schmutzigbraun	bräunlich olivengrün
Mandelöl	klar gelb	schmutzig gelb	gelbliche Klümpchen
Madiaöl	schwach braunroth	olivengrün	braune Klümpchen auf olivenfarbenem Grunde
Leinöl	braunroth	schwarzbraun	braune Klümpchen auf grünem Grunde
Fischthran	roth, nach und nach violett	braunroth ins dunkelbraune	dunkelbraun
frisches Mohnöl	gelbe Flecken	bräunlich olivengrün	gelbe Klümpchen.

96) Nach Lefebre mischen sich die verschiedenen Oele wohl, scheiden sich aber, ihres verschiedenen spezifischen Gewichts wegen, schon nach 8 Tagen bei ruhigem Stehen, so daß die schweren unten, die leichten oben befindlich sind. Man muß sich dann vorsichtig, ohne das Gefäß zu schütteln, durch Anbohren von dem oben, in der Mitte und im unteren Theile des Gefäßes befindlichen Oele, etwas zu verschaffen suchen, und das spezifische Gewicht bestimmen. Lefebre bestimmt das specifische Gewicht bei einer Temperatur von + 15 C. Rapsöl fand er = 0,913, Olivenöl = 0,917, Mandelöl = 0,918, Sesamöl = 0,923, Thran = 0,924, Mohnöl = 0,925, Hanföl = 0,927, Leinöl = 0,9235. Doch ist dies Verfahren zu umständlich und eine zu große Geschicklichkeit und Genauigkeit in den dazu nöthigen Manipulationen nöthig, als daß es dem Fabrikanten zu empfehlen wäre. Die empfehlenswertheste Prüfung ist die mit Schwefelsäure oder chromsaurem Kali.

Untersuchung der fetten Oele durch Bestimmung des spezifischen Gewichts.

die Fettsäuren und das Kali enthält, wird nun weiter bearbeitet, indem man das Kali und die Fettsäuren trennt. Zu diesem Zweck vermischt man die Auflösung im Uebermaaß mit Weinsteinsäure, welche sich nun mit dem Kali der Seife verbindet, und mit den fettigen Säuren ausgeschieden wird. Dies wird nun abfiltrirt und man erhält dadurch auf dem Filtrum eine Mischung von Stearin= Margarin= und Oleïnsäure, nebst weinsteinsaurem Kali, während die Glycerine nebst dem färbenden Stoff der Seife, in der abfiltrirten Flüssigkeit enthalten ist. Die Mischung der Fettsäuren mit dem weinsteinsauren Kali, wird nun mit absolutem Alkohol langsam erwärmt; hierdurch lösen sich die Fettsäuren auf, das weinsteinsaure Kali bleibt ungelöst; die Mischung wird nun filtrirt. Das weinsteinsaure Kali, welches auf dem Filtrum zurückblieb, mehrmals mit Spiritus ausgewaschen, dann an der Luft getrocknet und so lange geglüht, bis es nicht mehr raucht. Durch das Glühen wird die Weinsteinsäure in Kohle und Kohlensäure verwandelt, welche letztere sich zum Theil verflüchtigt, zum Theil mit dem Kali verbindet. Das zurückbleibende nun kohlensaure Kali, wird mit Wasser verdünnt und Salzsäure zugesetzt, jedoch muß das weinsteinsaure Kali vorher tüchtig geglüht werden, bis keine Dämpfe mehr kommen. Das in Salzsäure aufgelöste Kali wird nun bis zur Trockniß eingekocht und gewogen; das Chlorkalium giebt das reine Kali an, nach dem Verhältniß, daß 932,57 Chlorkalium, 589,92 reines Kali anzeigen.

Drittens: Die Fettsäuren, welche in dem absoluten Alkohol enthalten sind, werden nun destillirt, dadurch verflüchtigt sich der Alkohol nebst aller Feuchtigkeit. Die zurückbleibenden Säuren geben gewogen das Gewicht, in welchem sie in der Seife enthalten waren.

Man kann die Fettsäuren auch dadurch trennen, daß man die alkoholische Auflösung mit Wasser sehr verdünnt, sie scheiden sich dadurch aus, und man erhält sie, wenn man die verdünnte Mischung filtrirt, wobei Alkohol und Wasser abfiltriren, die Fettsäuren dagegen zurückbleiben.

Angenommen, man hätte eine Seife untersucht und hätte 100 Gran genommen. Man findet bei der Feuchtigkeitsbestimmung, daß sich $40\frac{0}{0}$ Feuchtigkeit verflüchtigt. Man findet ferner dem Gewichte nach $10\frac{0}{0}$ Chlorkalium $= 6\frac{1}{4}$ Gran Kali.

Durch Destillation findet man 44 Fettsäuren, so hat man $40\frac{0}{0}$ Feuchtigkeit, $6\frac{1}{4}$ Kali und 44 Fettsäure zu addiren $= 90\frac{1}{4}$. Die, andern noch an 100 fehlenden $9\frac{2}{3}$ Gran, würden in der Glycerine und andern Stoffen bestanden haben.

102) Untersucht man eine Seife und findet, daß trotz dem mehrmaligen Behandeln mit Alkohol, ein unlöslicher Rückstand bleibt, und man will wissen, woraus dieser besteht, so verfährt man wie folgt: (Auf gleiche Weise untersucht man Seifen, wo man vorher weiß, daß ihnen fremdartige Substanzen beigemengt sind.) *Untersuchung des Rückstandes einer Seife.*

103) Um die Natur einer Substanz zu ermitteln, deren Aeußeres nicht schon Aufschluß über ihre chemische Zusammensetzung giebt, verfährt man folgendermaßen: *Die verschiedenen Lösungsmittel.*

1) Es wird zugesehen, ob sich der Körper nicht im Wasser löst, nöthigenfalls unter Erwärmung. Wenn dessenungeachtet die Mischung nicht klar werden sollte, filtrirt man und kocht das klare Filtrat zur Trockniß ein; bleibt dadurch kein Rückstand, so hat sich im Wasser nichts gelöst; für diesen Fall verfährt man anders.

2) Man kocht den Rückstand mit Salzsäure, bleibt trotzdem wieder ein Rückstand, so setzt man das klare Filtrat bei Seite, zur weiteren Untersuchung, ob sich gar nichts in Salzsäure gelöst, und fährt fort, den Rückstand zu behandeln.

3) Man thut Salpetersäure und Wasser zu und erwärmt tüchtig, löst sich trotzdem nicht alles, so filtrirt man wieder, und setzt das klare Filtrat bei Seite.

4) Auf den in Salpetersäure unlöslich gebliebenen Rückstand bringt man nun eine mit Wasser nicht zu sehr verdünnte Menge von Königswasser (besteht aus 2 Theilen Salzsäure und 1 Theil Salpetersäure) und kocht damit. Wenn jedoch auch dieses Mittel seine Dienste versagt, so daß doch noch ein Rückstand bleibt, filtrirt man wieder, und setzt die abfiltrirte klare Flüssigkeit bei Seite.

5) Der Rückstand wird nun mit seiner doppelten Gewichtsmenge konzentrirter Schwefelsäure übergossen, und unter fleißigem Umrühren nicht nur damit eingekocht, sondern die nach dem Einkochen übrig gebliebene trockene Masse wird gelinde erhitzt, worauf man nach dem Kaltwerden den Rückstand mit Wasser auszieht; löst sich nicht alles im Wasser auf, so filtrirt man und setzt das klare Filtrat bei Seite.

6) Der Rückstand wird nun mit seiner doppelten Gewichtsmenge kohlensauren Natrons vermischt, die Mischung mit Wasser verdünnt und unter fleißigem Umrühren eingekocht. Die eingekochte Masse wird zum Glühen, jedenfalls aber so lange erhitzt, bis sie wenigstens zusammen gebacken ist. Ist die Masse abgekühlt, kocht man sie mit Wasser aus, filtrirt und findet in dem Filtrat die Säure, durch welche der Körper unlöslich war. Was sich beim Auskochen nicht gelöst, enthält gewöhnlich die Basis des Körpers, welche in verdünnter Salzsäure gelöst wird.

7) In dem seltenen Falle, daß der Körper allen diesen verschiedenen Lösungsmitteln Widerstand leisten sollte, muß man ihn mit der zweifachen Menge von

chlorsaurem Kali naß zusammenreiben, die nasse Masse trocken werden lassen, und sie alsdann glühen. Nach dem Erkalten wird die geglühte Masse in Wasser aufgelöst und wie immer untersucht.

Es versteht sich von selbst, daß, wenn diese verschiedenen Lösungsmittel eine Wirkung äußern, sie wiederholt auf den aufzulösenden Körper in Anwendung kommen müssen. Ob ein Lösungsmittel etwas gelöst hat, erfährt man dadurch, daß man jedesmal, wenn man mit irgend einem Lösungsmittel den aufzulösenden Körper behandelt hat, einen Theil von der abfiltrirten Flüssigkeit einkocht und sieht, ob ein Rückstand bleibt oder nicht. Bleibt ein solcher, so behandelt man den Rückstand, der zu untersuchenden Substanz, noch mehrere mal mit demselben Lösungsmittel, bis man sieht, daß sich der Körper doch nicht ganz auflöst; erst dann setzt man die klare Flüssigkeit bei Seite und wendet ein anderes Lösungsmittel an, mit welchem man, wenn dasselbe ein gleiches Resultat liefert, eben so verfährt, und so weiter.

Hat man eine Auflösung schon im Wasser erhalten, so untersucht man zuvörderst, wie sich dieselbe gegen blaues oder rothes Lackmuspapier verhält, ob sie blaues roth, oder rothes blau, oder beide nicht färbt, also neutral ist. Färbt sie blaues roth, so ist es eine saure Auflösung, färbt sie rothes blau, so ist sie eine basische, und wenn sie beide nicht färbt, eine neutrale Auflösung, d h. eine Auflösung, wo weder eine Säure noch eine Basis vorherrschend ist.

Weiß man, wie der Körper sich gegen Lackmuspapier verhält, so behandelt man ihn nach folgendem System:
1) Zuerst wird untersucht, ob der Körper Metalle enthält; enthält er welche, wird er davon befreit, und man untersucht die metallfreie Flüssigkeit.

2) auf Erden; finden sich diese, wird der Körper auch davon befreit, und

3) auf Säuren untersucht, an welche die Metalle oder Erden gebunden waren.

Ich habe hier 7 verschiedene Lösungsmittel angegeben; hat man bei jedem etwas aufgelöst gefunden, was beiläufig gesagt, oft der Fall ist, so untersucht man jede Auflösung nach dem angegebenen System.

Fällung der Metalle. 104) **Auf Metalle.** Zur Auffindung von Metallen wird gewöhnlich Schwefelwasserstoff angewandt, weil es mit allen Verbindungen eingeht. Bei seiner Anwendung muß man jedoch auf Folgendes Rücksicht nehmen, nämlich ob: Erstens, das zu fällende Metalloxyd nur aus basischen, oder: Zweitens, aus sauren, oder: Drittens, aus basischen und sauren Auflösungen niedergeschlagen werden kann; je nachdem das zu bildende Metalloxyd, durch verdünnte Säuren zerlegbar, in basischen Lösungen löslich, oder weder in verdünnten Säuren noch in basischen Flüssigkeiten sich löst. So wird Eisen, Kobalt, Nickel, Zink, Mangan, nur aus basischen Flüssigkeiten gefällt, nicht aus sauren Lösungen; Gold, Platin, Antimon, Zinn und Arsen, nur aus sauren, nicht aus basischen Lösungen; Blei, Kupfer, Wismuth, Quecksilber, Silber, Kadmium, werden aus sauren und basischen Flüssigkeiten gefällt, weil ihre Sulfide durch Schwefel nicht zersetzt werden, noch mit Schwefelammonium und ähnlichen Basen lösliche Verbindungen bilden.

Die verschiedenen Färbungen, welche die mit Schwefelwasserstoff gefällten Metallsulfide zeigen, sind oft besonders chrakteristisch zur Erkennung der Metalle; so ist das Schwefel-Mangan fleischfarben, Schwefelzink weiß, Schwefelantimon orangeroth, Zinnsulfid gelb, Zinnsulvür braun, Schwefelkupfer braunschwarz, Schwefeleisen schwarz, u. s. w. Der größte Theil der hier angeführten Metalle kommt in der Seiffabrikation nicht vor, jedoch mußte ich diese Anleitung zur Auffindung von Metallen vollständig geben, indem das Resultat einer guten Analyse davon abhängig ist, ob ein Körper von seinem Metallgehalt befreit ist oder nicht. Jedoch ist nur Rücksicht genommen auf die Metalle, die dem Fabrikanten wirklich vorkommen können.

Fällung der Metalle im sauren Zustande.

105) Hat man ermittelt, wie sich die Auflösung gegen Lackmuspapier verhält, so vermischt man einen Theil der Flüssigkeit mit Salzsäure, und setzt schwefelwasserstoffhaltiges Wasser hinzu bis die Mischung nach dem Schütteln stark danach riecht. Zeigt sich dadurch eine Farbenveränderung, so erwärmt man die filtrirte Mischung gelinde, filtrirt, und sieht nach, ob das klare Filtrat durch einen abermaligen Zusatz von schwefelwasserstoffhaltigem Wasser weiter keine Veränderung erfährt. Sollte dies der Fall sein, so stellt man die unverändert gebliebene Flüssigkeit mit der Bezeichnung: „Im sauren Zustande von ihrem Metallgehalte befreite Flüssigkeit", zur weiteren Untersuchung bei Seite; wäre dem aber nicht so, so müßte man so lange Schwefelwasserstoff hinzuthun, bis dieser Punkt erreicht, d. h. so lange bis alles Metall niedergeschlagen ist. Das nächste, was man nun zu thun hat, ist zu erfahren, was für ein Metall es war, welches gefällt ist. Zu diesem Zweck wird der mittelst Schwefelwasserstoff gefärbte Niederschlag mit Wasser ausgesüßt, und noch feucht mit Schwefelwasserstoffammoniak übergossen, mit diesem gelinde, aber nicht zum Kochen erwärmt. Nach dem Abkühlen filtrirt man, vermischt das klare Filtrat mit Salzsäure und wartet ab,

ob dadurch ein weißer oder gefärbter Niederschlag entsteht; ist der Niederschlag weiß, so rührt dies von dem Schwefelgehalt des Schwefelwasserstoffammoniak her, besitzt er dagegen irgend eine Farbe, so verräth dies, daß der Niederschlag ein Schwefelmetall ist. Eine gelbe Farbe zeigt Schwefelzinn an, eine rothe Schwefelantimon.

<small>Metalle aus basischen und sauren Auflösungen.</small>

106) Wenn sich der durch Schwefelwasserstoff erlangte Niederschlag in Schwefelwasserstoffammoniak keineswegs vollständig gelöst hat, derselbe vielmehr einen Rückstand gelassen hat, so geht daraus hervor, daß außer den genannten Metallen, noch andere da sein können, namentlich Schwefelquecksilber, Kupfer oder Blei. Die Farbe derselben ist schwarz, so daß man genöthigt ist, sie näher zu untersuchen. Zu dem Behuf wird der schwarze Rückstand mit Salpetersäure gekocht; bleibt die Farbe nach längerer Zeit unverändert, so ersieht man daraus, daß der schwarze Niederschlag in Schwefelquecksilber bestand. Wenn sich dagegen die dunkle Farbe durchs Kochen verliert, und vielmehr eine schwefelgelbe zum Vorschein kommt, so geht daraus hervor, daß Schwefelblei oder Schwefelkupfer die Ursache der schwarzen Färbung gewesen ist. Um zu unterscheiden, welches von beiden da gewesen ist, vermischt man einen Theil der salpetersauren Auflösung mit Schwefelsäure und wartet ab, ob dadurch eine Trübung entsteht, welche durch kaustisches Kali wieder verschwindet, woraus man ersieht, daß Schwefelblei zugegen gewesen ist. Einen zweiten Theil der salpetersauren Auflösung mit kaustischem Ammoniak neutral gemacht, und die neutrale Flüssigkeit mit einer Auflösung von blausaurem Kali vermischt, zeigt eine rothbraune Färbung, wenn Kupfer zugegen ist. Unter allen Umständen, selbst wenn Schwefelquecksilber sich gezeigt haben sollte, ist es rathsam, die von dem-

selben abfiltrirte salpetersaure Flüssigkeit auf angeführte Weise zu prüfen.

Untersuchung auf Metalle im basischen Zustande.

107) Die im sauren Zustande von ihrem Metallgehalte befreite Flüssigkeit, welche bei Seite gestellt worden war, wird nun zunächst mit kaustischem Ammoniak vermischt, bis die Mischung neutral erscheint, hierauf fügt man Schwefelwasserstoff-Ammoniak hinzu und wartet ab, ob dadurch ein Niederschlag entsteht. Ist derselbe weiß von Farbe, so kann er in Schwefelzink, Schwefelthonerde, oder phosphorsaurem Kalk (auch Knochenerde genannt) bestehen. In diesem Fall filtrirt man den weißen Niederschlag ab und löst ihn durch Kochen in Salpetersäure. Darauf vermischt man einen Theil der salpetersauren Auflösung mit einer reichlichen Menge von kaustischem Kali bildet sich dadurch ein weißer Niederschlag, so spricht dies für phosphorsauren Kalk. Man filtrirt ihn ab und vermischt das klare Filtrat mit Schwefelwasserstoffammoniak. Ein dadurch entstehender weißer Niederschlag giebt Schwefelzink. Man filtrirt dies ebenfalls, und überzeugt sich, ob das klare Filtrat mit Salzsäure neutral gemacht, die neutrale Flüssigkeit mit kohlensaurem Ammoniak vermischt, abermals einen weißen Niederschlag zeigt, welcher dann Thonerde anzeigen würde. Wenn anstatt eines weißen Niederschlags, durch Schwefelwasserstoff-Ammoniak ein fleischrother entstanden sein sollte, so geht daraus hervor, daß Mangan zugegen war; entsteht dagegen ein schwarzer Niederschlag, so rührt dies von einem Eisengehalte her; man muß alsdann den schwarzen Niederschlag abfiltriren und das Filtrat — ebenso wenn ein weißer oder röthlicher Niederschlag entstanden sein sollte — zur weiteren Prüfung auf Alkalien

Fällung von Metallen im basischen Zustande.

und Erden, hinstellen, den schwarzen Niederschlag aber behandeln wie folgt:

Man kocht ihn mit einer Mischung von Salzsäure und Salpetersäure, bis die Mischung gelb geworden ist, versetzt die gelbe Flüssigkeit mit Schwefelsäure und kocht sie damit zur Trockniß ein; die trockne Masse wird im Wasser gelöst und nachgesehen, ob ein weißer Rückstand bleibt. Dieser weiße Rückstand wird alsdann Kalkerde zu erkennen geben, welche an Phosphorsäure gebunden, zugegen gewesen sein müßte. Die kalkfreie Flüssigkeit wird nunmehr mit kaustischem Ammoniak im Uebermaaß versetzt; entsteht dadurch ein braunrother Niederschlag, so zeigt sich dadurch Eisenoxyd an. Man filtrirt dasselbe ab und vermischt das klare Filtrat mit Schwefelwasserstoff-Ammoniak. Ein weißer Niederschlag zeigt Eisen, ein röthlicher Mangan. Weil bei dem Eisen leicht noch Thonerde zugegen gewesen sein kann, so kocht man den braunen Niederschlag mit kaustischem Kali, filtrirt, und macht das Filtrat mit Salzsäure neutral. Man setzt ferner kohlensauren Ammoniak hinzu, entstehen dadurch weiße Flocken, so ist Thonerde vorhanden gewesen.

Untersuchung der metallfreien Flüssigkeit auf Erden, Alkalien und Säuren.

108) Die metallfreie Flüssigkeit wird nunmehr zur Trockniß eingekocht, die trockne Masse so lange erhitzt, bis keine Dämpfe mehr kommen. Was übrig bleibt, wird im Wasser gelöst und in mehrere kleine Theile getheilt.

Zu dem ersten Theil, welchen man mit destillirtem Wasser verdünnt, fügt man einige Tropfen Schwefelsäure; entsteht dadurch sogleich eine Trübung, so war Baryterde zugegen, welche man abfiltrirt und die klare

Flüssigkeit, nachdem man sich überzeugt hat, daß alle Baryterde gefällt ist, (dies geschieht indem man zu dem klaren Filtrat einige Tropfen Schwefelsäure setzt, bleibt es klar, so ist die Baryterde alle gefällt, wird es dagegen trübe, so muß man noch Schwefelsäure zusetzen), mit Oxalsäure versetzt und mit kaustischem Ammoniak bis zum Uebermaaß vermischt. Zeigt sich dadurch eine Trübung, so war Kalkerde vorhanden. Die Flüssigkeit wird alsdann filtrirt, und nachdem man sich, wie beim Baryt, überzeugt hat, daß kein Kalk mehr vorhanden, mit phosphorsaurem Natron und etwas kaustischem Ammoniak vermischt. Entsteht dadurch ein Niederschlag, so war Magnesia (Bittererde) vorhanden.

Untersuchung auf Erden und Alkalien.

Die weitere Untersuchung ist von dem Umstand abhängig, ob nur die beiden erstgenannten Erden, oder etwa nur Magnesia gefunden worden. Ist nur Baryt und Kalk gefunden, so entfernt man die Erden wie angegeben, durch Schwefelsäure und Oxalsäure, filtrirt, bringt die erdenfreie, klare Flüssigkeit zur Trockniß, und glüht die trockne Masse, bis sich keine Dämpfe mehr zeigen. Den Rückstand löst man alsdann in wenigem Wasser und vermischt einen Theil der Auflösung mit Chlorplatin. Entsteht dadurch ein eigelber Niederschlag, so war Kali vorhanden, blieb die Mischung klar, so war Natron da, wenn man sich darauf überzeugt, daß die Mischung alkalisch reagirt.

Einen andern Theil der wässerigen Auflösung dampft man wieder ein, gießt Alkohol darüber und sieht zu, ob er mit gelber Flamme verbrennt; ist dies der Fall, so kann man überzeugt sein, daß Natron zugegen war.

Wenn hingegen kein Baryt und Kalk, sondern nur Magnesia gefunden worden, wird die trockne Masse mit verdünnter Schwefelsäure übergossen, damit abermals zur Trockniß erhitzt, die trockne Masse in Wasser gelöst und mit einer Auflösung von Bleizucker (essigsaures Blei) vermischt, filtrirt und das klare Filtrat zur Trockniß geglüht, die geglühte Masse in Wasser gelöst, und wenn die Auflösung rothes Lackmuspapier blau macht, nachgesehen, ob reichlich Weinsteinsäure darin gelöst, einen weißen Niederschlag bewirkt oder nicht. Im ersteren Falle war Kali zugegen, im zweiten Natron.

Auf Ammoniak prüft man, indem man die erdenfreie Auflösung mit kaustischem Kali erwärmt, wobei sich Ammoniak durch seinen eigenthümlichen Geruch zu erkennen giebt.

109) Prüfung auf mineralische Säuren.

Untersuchung auf Säuren.

1) Schwefelsäure findet man in der von Erden befreiten Flüssigkeit, durch Zusatz von salzsaurem Baryt, der alsdann einen Niederschlag liefert, welcher durch zugesetzte Salzsäure nicht verschwindet.

2) Phosphorsäure findet man durch eine mit wenigen Tropfen Salpetersäure vermischte Lösung von molybdänsaurem Ammoniak an der entstehenden gelben Färbung.

3) Salpetersäure entdeckt man durch Vermischen der Substanz mit Kupferfeile und konzentrirter Schwefelsäure, wodurch sich alsdann rothe Dämpfe zeigen.

4) Salzsäure findet man auch durch Silbersolution, welche einen in Salpetersäure unlöslichen Niederschlag giebt.

5) Boraxsäure entdeckt man an der grünen Färbung der Flamme, welche entsteht, wenn man den Körper mit Spiritus übergießt und anzündet.

6) Kohlensäure entdeckt man durch das Aufbrausen, welches erfolgt, wenn ein Körper mit einer Säure übergossen wird.

110) Die quantitative Bestimmung dieser einzelnen Körper ist für den Fabrikanten unnütz, indem es ihm doch nur darum zu thun, das Gewicht des ganzen Körpers nebst seinem Namen zu kennen. *Bestimmung des Gewichts der zu untersuchenden Körper.*

Ersteres erfährt er dadurch, daß er den Körper, welchen er als unlöslich in einer Seife gefunden, von allen anhängenden Fettheilen, so wie durch gelinde Hitze von seiner Feuchtigkeit befreit, ferner wiegt und das gefundene Gewicht als nicht zur Seife gehörig notirt. Das Letztere erfährt er durch vorgeschriebene Analyse. Es ist bei dieser Anleitung nur Rücksicht genommen auf Körper, welche in der Seiffabrikation vorkommen können, und ebenso nicht auf organische Substanzen, indem sich für letztere keine allgemeine passende Anleitung geben läßt, weil sie nach den jedesmal sich ergebenden Umständen behandelt werden müssen.

111) Um beurtheilen zu können, ob ein Körper organischen Ursprungs ist, oder nicht, hat man nur nöthig, ihn, wenn er getrocknet ist, zu glühen; unorganische Körper bleiben weiß, organische Körper werden durch die, durch das Glühen entstehende Kohle schwarz. Die organischen Substanzen, wie Harz, welches außer den fetten Oelen und Fetten, besonders in der Seiffabrikation vorkommen, lösen sich auch alle in Alkohol, sind daher bei einer Untersuchung in der abfiltrirten, die Fettsäuren enthaltenden Flüssigkeit enthalten. Ausnahme giebt es bis jetzt nicht von dieser Regel. *Ist der Körper, welcher untersucht wird organischen Ursprungs, oder nicht?*

112) Die Menge des Harzes, welches in einer Seife enthalten ist, bestimmt man folgendermaßen: Zu der alkoholischen, die Fettsäuren und das Harz enthaltenden Mischung, setzt man verdünnte Schwefelsäure, bis das vorherrschende Kali genau neutralisirt ist. Dadurch scheiden sich die Fettsäuren und das Harz aus und *Bestimmung des Harzes.*

das Kali verbindet sich mit der Schwefelsäure zu schwefel=
saurem Kali, welches gelöst bleibt. Man filtrirt nun,
und bekömmt dadurch die Fettsäure und das Harz als
Rückstand auf den Filtrum, während das schwefelsaure
Kali abfiltrirt. Man löst nun die Fettsäuren und das
Harz abermals in Alkohol und setzt verdünnten Spiritus
oder etwas Wasser hinzu; dadurch scheidet sich das Harz
aus, weil es wohl in absolutem Alkohol, nicht aber in
sehr verdünntem löslich ist. Filtrirt man nun, so be=
kömmt man das Harz auf dem Filtrum, man trocknet
es im Wasserbade und bestimmt sein Gewicht.

113) Untersuchung von mißlungenen Seifen.

Ueberblick der einzel= nen Ana= lysen.

Wenn jeder Fabrikant seine Materialien, wie Pott=
asche, Soda, Kalk und die Aetzlaugen, gehörig unter=
sucht, wie es angegeben ist, so wird es selten vorkom=
men, daß eine Seife mißlingt, weil die Materialien
schlecht waren; da doch gewiß jeder, Materialien, welche
wegen der darin enthaltenden großen Menge fremden
Substanzen untauglich sind, für den Gebrauch nicht
nehmen wird. Man kann fest behaupten, daß der Siede=
meister selbst daran schuld ist, wenn es ihm mißlingt,
weil er dann gewöhnlich eine der Vorsichtsmaßregeln
außer Acht gelassen. Sollte es jedoch vorkommen, so
untersucht man ganz so wie es angegeben ist:

1) Man löst die Seife in Spiritus auf; 2) Behandelt
den unlöslich gebliebenen Rückstand mehrmals mit Alko=
hol, was sich trotzdem nicht löst, setzt man zur weiteren
Untersuchung bei Seite. 3) Trennt man das Kali oder
Natron von der Seife und bestimmt es quantitativ.
4) Die Fettsäuren werden, wie es bei den Harzseifen
und weichen Seifen angegeben ist, getrennt, und beide
der Menge nach bestimmt. 5. Den unlöslichen Rückstand

untersucht man besonders auf schwefelsaures Kali und Chlorkalium; denn gewöhnlich sind es diese beiden Körper, welche besonders weiche und Leimseifen mißlingen lassen. Hat man die Seife fertig untersucht, so sagt man: In 100 Theilen fand ich 10⅔ Feuchtigkeit, so und so viel Kali, so und so viel Kohlensäure, so und so viel schwefelsaures Kali und Chlorkalium, und so und so viel Fettsäuren, Harz und andere Substanzen.

Dadurch, daß man die Menge der einzelnen Körper kennt, aus denen eine solche Seife zusammengesetzt, weiß man es zu beurtheilen, was daran schuld ist, daß die Seife mißlungen, ob es an der schlechten Beschaffenheit der Materialien lag, oder ob der Fabrikant selbst schuld war. Ich lasse hier einige Proben von mir selbst untersuchter nicht gerathener Seifen, sowie einiger Substanzen folgen, welche einigen Seifen beigemischt waren.

114) Untersuchung einer grünen Seife, welche aus 4 Ctnr. Landpottasche, 4 Ctnr. Kasan=Pottasche, aus Thran und Rüböl bereitet war. Der Aetzkalk war schlecht.

Untersuchung einer mißlungenen grünen Seife.

Die Materialien waren nicht vorher auf ihre Bestandtheile untersucht. Die Seife hatte sich in den Fässern worin sie war, in 2 Theile geschieden. ⅔ des Fasses und zwar der obere Theil waren gut, das andere am Boden befindliche ⅓ war schmutzig, weich, zog sich in langen Fäden und war nicht verkäuflich. Die Frage stellte sich nun heraus, warum hat sich die Seife geschieden? warum ist sie nicht gleich schlecht? denn die oberen ⅔ waren so schön, wie eine Seife nur sein konnte. Ich machte daher 2 Untersuchungen; einmal das ⅓, den Satz der Seife, das andere mal die ⅔ gute Seife.

I. a) Ein Theil des Salzes wurde in 90 ß nach Tralles haltigem Spiritus aufgelöst und vorsichtig gekocht, filtrirt, und der Rückstand des Filtrums untersucht

Perutz, Seifen. 6

wie folgt, während die aufgelöste klare Flüssigkeit zur weiteren Untersuchung bei Seite gestellt wurde.

b) Der Rückstand wurde mit starkem Spiritus ausgesüßt und dann in heißem destillirtem Wasser aufgelöst, worin er sich auch vollständig löste; dann filtrirte ich abermals und untersuchte, wie sich die Lösung gegen Lackmuspapier verhielt; sie machte rothes Lackmuspapier blau, reagirte mithin alkalisch. Auf Metalle zu untersuchen ist bei Pottasche oder Soda, wenn sie schon zum Betrieb benutzt sind, nicht nöthig, indem sich die Metalle in einem nur höchst unbedeutenden Maßstabe darin befinden, jedoch schadet es nicht, wenn man es thut. Da ich vermöge der alkalischen Reaktion wußte, daß ich es mit einem Alkali zu thun hatte, so untersuchte ich ferner, an welche Säure dies gebunden war, welches mir den Grund der Unlöslichkeit des Kali angeben sollte. Ich setzte etwas klares Kalkwasser zu einem Theil der Auflösung, da eine Trübung erfolgte, so war Kohlensäure da. Ferner verursachte salzsaurer Baryt eine Trübung, welche zwar nach dem Zusatz von Salzsäure etwas verschwand, jedoch noch in so bedeutendem Maßstabe blieb, daß das Vorhandensein von Schwefelsäure dadurch angezeigt wurde. Eine Auflösung von salpetersaurem Silber verursachte endlich eine, durch Zusatz von Salpetersäure etwas verschwindende Trübung, sie zeigte also Chlorkali an. Eine andere Probe mit Salzsäure im Uebermaß vermischt, darauf zur Trockniß eingedampft, gab einen Rückstand, welcher sich im Wasser bis auf eine gewisse Menge löste, ein Zeichen, daß nur wenig Kieselsäure vorhanden war. Hiernach muß der in kochendem Spiritus unlöslich gebliebene Theil der Seife aus kohlensaurem, schwefelsaurem, salzsaurem Kali und etwas Kieselerde bestanden haben, welche als nicht in die Verbindung der übrigen Seife mit übergehend, Waſſer aus derſelben aufnehmen und damit einen flüſſigen Theil, welcher ſich aus der Seife abſchied, gebildet hatten.

II. Der andere Theil des Satzes der Seife, welcher ſich in Spiritus vollſtändig gelöſt hatte, wurde mit verdünnter Schwefelſäure neutraliſirt, wodurch ſich das darin befindliche Kali mit der Schwefelſäure verband; ferner wurde etwas Waſſer hinzugeſetzt, wodurch ſich die Fettſäuren ausſchieden. Die Miſchung wurde nun filtrirt, dadurch blieben die Fettſäuren auf dem Filtrum zurück, das nun ſchwefelſaure Kali filtrirte ab. Die Fettſäuren wurden noch mit Waſſer ausgeſüßt und dann wieder in Spiritus gelöſt; dann wurde Waſſer zugeſetzt, dadurch ſchied ſich das Harz aus, welches man wieder, (die Miſchung filtrirt) auf dem Filtrum behielt. Die Fettſäuren, ſowie das Harz wurden im Waſſerbade getrocknet und beſtimmt. Das ſchwefelſaure, in dem Spiritus aufgelöſte Kali, wurde mit Waſſer verdünnt und bis zur Trockniß eingekocht, dann gewogen ergab ſich der Kaligehalt. 100 ſchwefelſaures Kali ſind = 54 reines Kali.

III. Die gute Seife wurde auf gleiche Weiſe unterſucht, nämlich in Spiritus gelöſt, filtrirt, der Rückſtand des Filtrums wurde mit Spiritus ausgeſüßt und in Waſſer aufgelöſt. Es fand ſich in derſelben auf dieſelbe Weiſe, wenn auch in geringerer Menge, wie bei dem Satze angegeben iſt, ebenfalls ſchwefel- und ſalzſaures Kali und Kieſelerde; kohlenſaures Kali fand ſich jedoch nicht. Das Kali der Seife wurde nun von allen 3 Proben, nach der angegebenen Weiſe (Chlorkali und ſchwefelſaures Kali) beſtimmt; es fand ſich, daß mehr als $\frac{1}{4}$ ſchwefel- und ſalzſaures Kali vorhanden war. Es liegt auf der Hand, daß dieſe Menge Schwefel- und

Salzsäure der Grund des Zersetzens der Seife gewesen, wodurch die Seife eben mißlungen.

Auffinden des Grundes warum diese Seife nicht gelungen.

115) Jede Basis verbindet sich, wenn sie die Wahl hat zwischen zwei Säuren, mit der stärkeren, oder sie müßte gerade mit der schwächeren Säure eine unlösliche Verbindung bilden. Die Schwefelsäure und die Salzsäure sind stärkere Säuren als die Fettsäuren, eben deswegen sind diese nicht im Stande, das Kali dem schwefelsauren und salzsauren Kali zu entziehen; das Kali, welches daher mit der Schwefel- und Salzsäure verbunden, geht den Fettsäuren verloren, weil sich, wie schon gesagt, das Kali nur im säurefreien Zustande, mit den Fettsäuren zu Seifen verbindet, da es aber hier zu einem großen Theil mit Schwefel- und Salzsäure verbunden ist, so vereinigt es sich nicht damit, es bildet vielmehr eine in der Seife isolirte Verbindung, welche etwas Wasser, Harz und Fett anzieht, und damit einen flüssigen Theil bildet, welcher sich beim Erkalten abscheidet. Bei der Untersuchung der Pottasche ist schon bemerkt daß die Menge der fremden Salze 15 — 16 $\frac{2}{3}$ nicht überschreiten darf, weil sie untauglich wird in diesem Zustande. Findet sich nun gar, wie es hier stattfand, daß das schwefelsaure Kali 35 $\frac{2}{3}$, das salzsaure Kali 3 $\frac{2}{3}$ ausmacht, so ist es natürlich, daß eine Zersetzung der Seife erfolgt. Das einzige Mittel welches man hat, um die Pottasche von einem zu großen Schwefelsäuregehalt zu befreien, ist, daß nicht wie gewöhnlich 30 — 32 Pfund Kalk zu nehmen auf 100 Pfund Pottasche, sondern 50 — 60 Pfund; dadurch verbindet sich der größte Theil der Schwefelsäure mit dem Kalk, und das Kali wird, wenn auch nicht ganz rein davon, doch tauglich. Es ist hier ganz derselbe Fall wie mit der Kohlensäure; Kalk würde dem Kali ebenfalls die Kohlensäure nicht

entreißen können, wenn er nicht eine unlösliche Verbindung damit bildete, ebenso hier; Kalk entreißt als schwache Basis einer stärkeren, oder vielmehr der stärksten, welche man hat, ihre Säure, weil er eine unlösliche Verbindung damit bildet. Bei dieser Pottasche war nicht allein Schwefel- und Salzsäure, sondern auch Kohlensäure, weil der Kalk dazu, wie eine nachherige Untersuchung herausstellte, selbst nicht kohlensäurefrei war, daher nicht alle Kohlensäure dem Kali entziehen konnte.

Eine Elaïn-Seife, welche dem Fabrikanten gleich darauf mißlang, hatte dieselben Mängel. Er verbesserte beide dadurch, daß er beim nächsten Sieden statt 30 Pfund 70 Pfund Kalk nahm auf 1 Centner Pottasche und daß er die schlechten Seifen, die grüne und Elaïn-Seife, jede in 2 Theile theilte und sie so beim folgenden Sieden mit zuwarf. Die Seife wurde nun ganz gut.

116) Will man bei Seifen das Kali bestimmen, welches sie enthalten, so ist es am Besten das Kali durch Weinsteinsäure zu fällen, zu glühen bis keine Dämpfe mehr kommen. Dadurch verwandelt sich das weinsteinsaure Kali in kohlensaures; dieses wird durch Salzsäure zerlegt, d. h. die Kohlensäure ausgetrieben, und damit zur Trockniß eingekocht. Wiegt man die trockne Masse, so hat man das reine Kali, wenn man berechnet, daß 932,57 Chlorkali geben: 589,32 reines Kali. Diese Methode ist darum empfehlenswerth, weil das freie Kali, welches in der Seife ist, dadurch in kohlensaures verwandelt wird und mit bestimmt werden kann.

Bestimmung des Kaligehaltes einer Seife.

Untersuchung einer Substanz, welche beim Auflösen einer Seife als Rückstand auf dem Filtrum blieb.

117) Nachdem dieselbe tüchtig mit heißem Spiritus

Untersuchung einer Substanz, welche beim Auflösen einer Seife als Rückstand blieb. und Wasser ausgesüßt, wurde sie geglüht, wodurch sich die anhängende Feuchtigkeit verflüchtigte und die Substanz als weiße Masse zurückblieb. Organisches war daher nicht zugegen, dann wäre sie schwarz nach dem Glühen geworden. Das Gewicht wurde nun bestimmt.

1) Darauf ein Theil mit Wasser gekocht, filtrirt, ein Theil des klaren Filtrats bis zur Trockniß eingedampft, gab keinen Rückstand, es hat sich also im Wasser nichts gelöst.

2) Mit Salzsäure nun vermischt, damit gekocht, filtrirt, ein Theil des klaren Filtrats eingedampft gab einen Rückstand, es hat sich also etwas gelöst. Ein Theil der Flüssigkeit wurde nun mit Schwefelwasserstoff vermischt, um die Metalle zu fällen, es erfolgte jedoch keine Reaktion; ich sage daher: Metalle, welche im sauren Zustande fällbar sind, sind nicht darin.

3) Ein Theil wurde nun mit kaustischem Ammoniak neutral gemacht und mit Schwefelwasserstoff-Ammoniak vermischt; es erfolgte hierauf eine dunkelgrüne Färbung, darauf filtrirt, den Rückstand mit Wasser und Salzsäure gekocht; da die Auflösung nur zum Theil geschah, wurde noch Salpetersäure hinzugethan, worauf sich alles löste. Filtrirt, das klare Filtrat mit Rhodankalium vermischt, gab eine dunkelrothe Farbe, es ist also Eisenoxydul da. Ein anderer Theil wurde mit kaustischem Ammoniak im Uebermaß vermischt, filtrirt und zu der filtrirten Flüssigkeit Schwefelwasserstoffammoniak gesetzt, gab keine Reaktion. Die Salzsäure hat daher nur Eisen gelöst.

Der andere Theil der in Salzsäure enthaltenen, und durch Schwefelwasserstoffammoniak von ihrem Metallgehalt befreiten Flüssigkeit, wurde so lange eingekocht, bis keine Dämpfe mehr kamen. Das dadurch zurückbleibende schwarze Pulver wurde mit Wasser vermischt und auf ein Filtrum gebracht. Die abfiltrirte Flüssigkeit wurde mit Oxalsäure und kaustischem Ammoniak vermischt. Da dadurch eine Trübung entstand, so war Kalk da.

4) Der Rückstand, welcher beim Auflösen in Salzsäure blieb, wurde nun mit Königswasser vermischt, gekocht, filtrirt; ein Theil des klaren Filtrats gab einen Rückstand, es ist also etwas gelöst worden. Um zu sehen, was gelöst worden, wurde ein Theil des klaren Filtrats mit kaustischem Ammoniak neutral gemacht und mit Schwefelwasserstoffammoniak vermischt. Es entstand dadurch eine schwarze Färbung. Die Mischung wurde filtrirt, und das klare Filtrat bei Seite gestellt. Der Satz des Filtrums wurde mit Salzsäure erhitzt, als die Mischung kochte, Salpetersäure hinzugethan und nun weiter gekocht, bis die Mischung gelb wurde; dann wurde Schwefelsäure hinzugesetzt und damit zur Trockniß eingekocht, im Wasser aufgelöst. Ein Theil davon mit phosphorsaurem Natron vermischt, gab keine Reaktion, es ist also kein phosphorsaurer Kalk da. Die kalkfreie Flüssigkeit wurde mit kaustischem Ammoniak vermischt. Der braune, Eisenoxyd anzeigende Niederschlag abfiltrirt, und das klare Filtrat mit Schwefelwasserstoffammoniak vermischt, zeigte keine Reaktion, es hat sich also weiter nichts als Eisen gelöst. Der braune, Eisenoxyd anzeigende Niederschlag, wurde von dem Filtrum mit der Spritzflasche abgespritzt, mit kaustischem Kali gekocht, filtrirt, mit Salzsäure neutral gemacht und mit kohlensaurem Ammoniak vermischt. Da keine weißen Flocken sich zeigten, so hat die Salzsäure keine Thonerde gelöst.

Der in Königswasser unlösliche Rückstand, wurde nun mit concentrirter Schwefelsäure vermischt, zur Trockniß eingekocht, mit Wasser vermischt und filtrirt. Ein Theil des klaren im sauren Zustande befindlichen Filtrats mit Schwefelwasserstoff vermischt, gab keine Reaktion, dagegen mit caustischem Ammoniak neutral gemacht und mit Schwefelwasserstoffammoniak vermischt, gab eine dunkelgrüne Färbung; gekocht und filtrirt, den dunkeln Rückstand des Filtrums mit verdünnter Salzsäure zum Kochen gebracht, dann Salpetersäure zugesetzt und nach der eingetretenen gelben Färbung Schwefelsäure zugethan; damit zur Trockniß eingekocht, die trockene Masse im Wasser gelöst, im Uebermaß mit caustischem Ammoniak vermischt, gab einen weißflockigen Niederschlag. Dieser abfiltrirt, ausgesüßt, den Rückstand ferner mit caustischem Kali gekocht, wurde wieder klar und verlor sich ganz, ein Zeichen, daß Thonerde von der concentrirten Schwefelsäure aufgelöst worden.

Was sich in der Schwefelsäure nicht gelöst hatte, wurde mit seiner doppelten Gewichtsmenge kohlensauren Natrons zur Trockniß eingekocht und geglüht bis es weiß wurde. Nachdem die geglühte Masse kalt geworden, wurde sie in Wasser aufgelöst, gekocht, filtrirt, ausgesüßt und zur Trockniß gebracht. Die eingekochte Masse in verdünnter Salzsäure aufgelöst, gab einen Rückstand, welcher in Kieselerde bestand. Die Flüssigkeit, welche bei Seite gesetzt war, wurde eingedampft, mit Wasser vermischt, filtrirt; das klare Filtrat mit Schwefelsäure vermischt, gab keine Reaktion, dagegen mit Oxalsäure und caustischem Ammoniak erfolgte eine Trübung, es ist also Kalk da. Mit phosphorsaurem Natron auf Phosphorsäure geprüft, gab keine Reaktion zu erkennen.

Als Endresultat dieser chemischen Analyse hatte ich Eisenoxyd, Kalk, Thonerde und Kieselerde; also eisenhaltigen Thon.

Inhalt.

	Seite
Vorwort des Verfassers	III
Einleitung	V
1) Untersuchung des Wassers	6
2) Ist ein Wasser hart oder weich?	6
3) Ist kohlensaurer Kalk im Wasser?	7
4) Ist Eisen oder sonst ein Metall da?	7
5) Ist Kohlensäure da?	8
6) Ist Schwefelsäure da?	8
7) Ist Salzsäure da?	8
8) Sind organische Stoffe da?	8
9) Ist Magnesia da?	9
10) Gewichtsbestimmung der fremden Bestandtheile im Wasser	9
11) Alkalien und alkalische Erden	10
12) Von der Asche	12
13) Die Kohlensäure ist eine schwache Säure	12
14) Analyse von Asche	13
15) desgl. von Pottasche	14
16) desgl. von Soda	16
17) desgl. von Steinasche	16
18) desgl. von Kalk	16
19) Quantitative Bestimmung der untersuchten Körper	18
20) Gewichtsbestimmung des schwefelsauren Kali	18
21) Chlorkaligehalt eines Körpers	19
22) Feuchtigkeitsbestimmung eines Alkali	20
23) Natrongehalt der Pottasche	20
24) Kohlensäuregehalt der Pottasche	20
25) Anmerkungen	21
26) Rückblick auf die bisherigen Analysen, 1 Wasser ꝛc..	21
27) Alkalimetrie	23
28) Erkennung von kohlensaurem Kalk und Bittererde in der Pottasche	23
29) Erkennung von kaustischem Kali	24
30) Ist Schwefelmetall da?	24

		Seite
31)	Ist Schwefelnatrium da?	24
32)	Bestimmung des Alkaligehaltes	25
33)	Nach Gay-Lussac	25
34)	Beschaffenheit der Schwefelsäure	27
35)	Darstellung der Probesäure	27
36)	Bestimmung des Natron	28
37)	Prüfung auf reines Kali	29
38)	Prüfung auf kohlensaures Kali und Kalihydrat	29
39)	Prüfung von kaustischer Kalilauge	30
40)	Bestimmung des Natrongehaltes der Soda	30
41)	Weitere Benutzung der Kaliprobesäure	30
42)	Verhalten der Schwefelverbindungen bei Bestimmung des Natrongehaltes in der Soda	30
43)	Verwandlung der schwefelhaltenden Verbindungen in schwefelsaures Natron	31
44)	Probesäure aus Weinsteinsäure	31
45)	Descroizilles Alkaliprobe	32
46)	Bestimmung des absoluten Gehaltes an kohlensaurem Kali	33
47)	Prüfung des Natrongehaltes der Soda nach dieser Methode	33
48)	Schwierigkeiten, welche diese Probe unsicher machen	34
49)	Alkaliprobe nach Fresenius und Will durch Bestimmung der Kohlensäure	34
50)	Beschreibung des Apparates	35
51)	Verfahrungsweise	35
52)	Bestimmung des Natrongehaltes in der Soda	37
53)	Verwandlung des Aetznatrons in kohlensaures Natron	37
54)	Bestimmung des Aetzkalis	38
55)	Verwandlung der schwefelhaltenden Verbindungen in schwefelsaure	39
56)	Ueber Anwendbarkeit dieser Methoden	39
57)	Einfache Verfahrungsweise zur Bestimmung des Alkaligehaltes, Pottasche	39
58)	desgl., Soda	40
59)	Beispiele nach der letzten Methode	40
60)	Pottasche aus Kasan	41
61)	Bestimmung des Aetzkaligehaltes	41
62)	Rückblick auf die Alkalimetrie	42

		Seite
63)	Anmerkungen und Beifügungen	43
64)	Das Wasser	43
65)	Pottasche	43
66)	Bereitung der künstlichen Soda	43
67)	Bereitung der krystallisirten Soda	45
68)	Kalzinirte Soda	45
69)	Reinigen von Soda und Pottasche	45
70)	Wie der anzuwendende Kalk beschaffen sein muß	46
71)	Angabe der Kalkmenge, welche man zu 100 Kali nöthig hat	46
72)	Das Löschen des Kalkes	47
73)	Benutzung des Kalkes zur Bereitung der Laugen	48
74)	Aeußere Eigenschaften des Kalkes	48
75)	Prüfung der Laugen, ist die Lauge zu hoch im Kalk?	49
76)	Ist sie zu niedrig im Kalk?	49
77)	Benutzung von kohlensäurehaltender Lauge . . .	49
78)	Unterscheidung von Kali und Natronlaugen . .	50
79)	Bestimmung des Alkaligehaltes der Laugen . . .	50
80)	Benutzung des Kalkes zur Bereitung von Stearinlichtern	51
81)	Kompositionskörner	51
82)	Vom Salz	51
83)	Nutzen des Salzes	52
84)	Chemischer Prozeß des Salzes bei seiner Anwendung zu Seifen	52
85)	Schwarzes Salz	53
86)	Organische Analyse	54
87)	Untersuchung von Fett auf seine Reinheit . . .	55
88)	Untersuchung auf Kartoffelstärke	56
89)	Untersuchung auf Quarzpulver und Membranen .	56
90)	Prüfung des Talges auf seinen Gehalt an Fettsäuren	56
91)	Fettsäurenbestimmung von Gusserow	58
92)	Fettsäurenbestimmung durch Krystallisation . . .	59
93)	Fettsäurenbestimmung von Chevreul	59
=	Bestimmung des Schmelzpunktes verschiedener Mischungen von J. Gottlieb	62
94)	Verfälschung des Palmöls zu entdecken . . .	63
95)	Untersuchung der fetten Oele	63
96)	Untersuchung der fetten Oele, durch Bestimmung des specifischen Gewichts	65

		Seite
97)	Untersuchung von Harz	66
98)	Rückblick auf die Fette und Oele	66
99)	Untersuchung von Seifen	66
100)	Bestimmung des Wassergehaltes einer Seife	67
101)	Bestimmung des Kali und der Fettsäuren einer Seife	67
102)	Untersuchung des Rückstandes einer Seife	69
103)	Die verschiedenen Lösungsmittel	69
104)	Fällung der Metalle	72
105)	Fällung der Metalle im sauren Zustande	73
106)	Metalle aus basischen nnd sauren Auflösungen	74
107)	Fällung von Metallen im basischen Zustande	75
108)	Untersuchung der metallfreien Flüssigkeit auf Erden und Alkalien	76
109)	Untersuchung auf Säuren	78
110)	Bestimmung des Gewichts der zu untersuchenden Körper	79
111)	Ist der Körper, welcher untersucht wird, organischen Ursprungs oder nicht?	79
112)	Bestimmung des Harzes	79
113)	Untersuchung von mißlungenen Seifen	80
114)	Untersuchung einer mißlungenen grünen Seife	81
115)	Auffinden des Grundes warum diese Seife nicht gelungen	84
116)	Bestimmung des Kaligehaltes einer Seife	85
117)	Untersuchung einer Substanz, welche beim Auflösen einer Seife als Rückstand blieb	86

In demselben Verlage sind ferner erschienen:

Der kalte Weg, nach den neuesten englischen Verbesserungen für **Seifenfabrikanten**. Ersparniß von Zeit, gute Ausbeute und bestes Fabrikat.
Preis 1 Thlr. 15 Sgr.

Die Buchführung für Fabrik-Geschäfte. Ein neues System, einfach in seiner Anwendung, doppelt in seinen Leistungen. Von C. H. Otto, Fabrik-Director. Zweite verbesserte Auflage.
Preis 27½ Sgr.

Zusammenstellung der bisher angewendeten Mittel, die **Entstehung des Kesselsteins, Wassersteins** (sogenannten Salpeters) **bei Dampfmaschinenkesseln** zu verhüten, nebst Beifügung eigner, über diesen Gegenstand gemachter Erfahrungen, von Dr. L. Elsner, Arkanist der K. Porzellan-Manufactur zu Berlin.
Preis 12 Sgr.

Die chemisch-technischen Mittheilungen der neuesten Zeit, ihrem wesentlichen Inhalte nach alphabetisch zusammengestellt von Dr. L. Elsner.

Erstes Heft, umfassend die Jahre 1846–48.
Preis 22½ Sgr.

Zweites Heft, umfassend die Jahre 1848–50.
Preis 22½ Sgr.

Drittes Heft, umfassend die Jahre 1850–52.
Preis 1 Thlr. 5 Sgr.

(Das vierte Heft, umfassend die Jahre 1852–54, erscheint Ende des Jahres.)

MIX
Papier aus verantwortungsvollen Quellen
Paper from responsible sources
FSC® C105338

If you have any concerns about our products,
you can contact us on
ProductSafety@springernature.com

In case Publisher is established outside the EU,
the EU authorized representative is:
**Springer Nature Customer Service Center GmbH
Europaplatz 3, 69115 Heidelberg, Germany**

Printed by Libri Plureos GmbH
in Hamburg, Germany